职业技能等级认定培训教材

# 西式面点师

XISHI MIANDIANSHI

本书编审人员

主　编：赵　芬　孙孝泊

编　者：徐雨佳　吴　杰　陈小蒙　华　阳
　　　　吴　勇　韩　莉　王启翔　赵爱国

主　审：汪海峰　阚道生

中国劳动社会保障出版社

图书在版编目（CIP）数据

西式面点师：初级 / 赵芬，孙孝泊主编．－－北京：中国劳动社会保障出版社，2023
职业技能等级认定培训教材
ISBN 978–7–5167–5707–9

Ⅰ.①西… Ⅱ.①赵… ②孙… Ⅲ.①西点–制作–职业技能–鉴定–教材
Ⅳ.①TS972.116

中国国家版本馆 CIP 数据核字（2023）第 017155 号

中国劳动社会保障出版社出版发行
（北京市惠新东街 1 号 邮政编码：100029）

*

北京宏伟双华印刷有限公司印刷装订　　新华书店经销

787 毫米×1092 毫米　16 开本　9 印张　144 千字
2023 年 3 月第 1 版　2024 年 4 月第 2 次印刷
定价：36.00 元

营销中心电话：400–606–6496
出版社网址：http://www.class.com.cn

版权专有　　侵权必究

如有印装差错，请与本社联系调换：（010）81211666
我社将与版权执法机关配合，大力打击盗印、销售和使用盗版
图书活动，敬请广大读者协助举报，经查实将给予举报者奖励。
举报电话：（010）64954652

# 内 容 简 介

本教材根据《西式面点师国家职业技能标准（2018年版）》要求编写，适用于职业技能等级认定培训和中短期职业技能培训。

本教材在编写中根据初级西式面点师的工作特点，以能力培养为根本出发点，采用项目化的方式编写。全书共包括四个项目：混酥类点心制作、面包制作、蛋糕制作、果冻甜点杯制作。

本教材可作为西式面点师职业技能等级认定培训教材，也可供全国中、高等职业院校相关专业师生及本职业从业人员培训使用。

# 前　言

西式面点师职业技能等级认定培训教材（以下简称西式面点师等级教材）依据《西式面点师国家职业技能标准（2018年版）》，结合岗位工作实际编写，突出"以就业为导向，以能力为本位，以技能为核心"的职业教育培养理念，致力于培养实用型、技能型专业人才。

西式面点师等级教材按照项目分级别编写，共包括《西式面点师（初级）》《西式面点师（中级）》《西式面点师（高级）》三本。教材将理论知识和技能操作相结合，详细讲解了各类西式面点的制作工艺，引导餐饮从业人员和学生将理论知识更好地运用于实践中，可以提高餐饮从业人员和学生的基本素质，全面提高他们的思维能力与实践能力，对他们掌握西式面点制作的核心知识与技能有指导作用，同时也对他们的生产技能提出更高的要求。

本书是西式面点师等级教材中的一本，每个项目设置若干个任务，本着"实用为主、够用为度"的原则，内容包括初级西式面点师应掌握的理论知识和操作技能。

本书由赵芬、孙孝泊担任主编，徐雨佳、吴杰、陈小蒙、华阳、吴勇、韩莉、王启翔、赵爱国参与编写。

本书在编写过程中得到江苏省经贸技师学院（江苏省连云港工贸高等职业技术学校）、江苏省淮海技师学院、上海市贸易学校、江苏省盐城技师学院、江苏海州湾会议中心有限公司、江苏万千食品投资有限公司、南京卫晟教育科技有限公司等单位的大力支持与协助，在此一并表示衷心感谢。

由于编者水平有限，书中难免存在不足之处，欢迎广大读者提出宝贵意见和建议。

编者

# 目　　录

## 项目一　混酥类点心制作 ... 001

任务一　曲奇饼干制作 ... 001

任务二　蔓越莓饼干制作 ... 012

任务三　草莓酥塔制作 ... 020

任务四　栗子抹茶塔制作 ... 028

任务五　苹果派制作 ... 035

任务六　核桃派制作 ... 044

## 项目二　面包制作 ... 051

任务一　罗宋面包制作 ... 051

任务二　辫子面包制作 ... 060

任务三　吐司面包制作 ... 064

任务四　南瓜面包制作 ... 069

任务五　甜甜圈制作 ... 073

## 项目三　蛋糕制作 ... 081

任务一　海绵蛋糕制作（全蛋法） ... 081

任务二　海绵蛋糕制作（分蛋法） ... 088

任务三　戚风蛋糕制作 ... 092

任务四　天使蛋糕制作 ... 098

| 任务五 | 磅蛋糕制作 | 101 |

## 项目四　果冻甜点杯制作　　109

| 任务一 | 百香果椰奶果冻制作 | 109 |
| 任务二 | 咖啡果冻制作 | 116 |
| 任务三 | 综合鲜果果冻制作 | 120 |

## 附录　中英文术语对照表　　125

# 项目一 混酥类点心制作

混酥类点心是以混酥类面团为基础面团，搭配各种辅料、馅料，经过制作成型、烘烤（掌握及控制温度和时间）、装饰（选择装饰料）等，制作而成的甜、咸酥类点心。混酥类面团是以面粉、油脂、牛奶（或水）等为主料，加入鸡蛋、糖粉、砂糖、可可粉及其他辅料制作而成的不分层次的面团。由甜酥类面团加工而成的西点主要有塔、排等，由咸酥类面团加工而成的西点主要有椒盐方酥、牛舌饼等。

混酥类面团的面粉颗粒被油脂所包围，经搅拌后，面团内充满空气，在烘烤时内部空气受热膨胀，因此混酥类点心口感酥松。

混酥类点心制作的任务包括：曲奇饼干制作、蔓越莓饼干制作、草莓酥塔制作、栗子抹茶塔制作、苹果派制作、核桃派制作。

## 任务一　曲奇饼干制作

真正成型的饼干要追溯到公元七世纪的波斯，当时制糖技术刚刚兴起，且因饼干的制作而被广泛使用。到公元十四世纪，饼干已经成为欧洲人最喜欢的点心，从皇室的厨房到平民居住的地方，都弥漫着饼干的香味。

饼干的词源是"烤过两次的面包"，即由法语单词 bis（再来一次）和 cuit（烤）组合而成。饼干多用面粉、水或牛奶（不加酵母）制成，人们在旅行、航海、登山时常将其当作方便食品，在战争时期饼干也用作军人的应急食品。

曲奇饼干原本是一种高糖、高油脂的食品。随着人们生活水平的提高，人们更加注重营养搭配和健康饮食，开始控制高糖、高油脂食品的摄入，也更加重视膳食纤维的摄入。因此，开发具有膳食纤维的曲奇饼干，具有十分积极的意义。曲奇饼干的特点是制作简单、营养丰富、口感酥脆而有韧性。曲奇饼干可以有多种口味，如草莓味、抹茶味、巧克力味等，在做法上大同小异。

## 一、学习目标

### （一）知识目标

了解曲奇饼干原料的属性及营养特点。

掌握厨师机、烤箱的安全使用方法。

### （二）技能目标

学会制作曲奇饼干的工艺流程。

能够发现和分析曲奇饼干制作的常见问题，并掌握处理方法。

## 二、设备和工具准备

设备：厨师机、烤箱。

工具：电子秤、软质刮刀、裱花袋、裱花嘴、手动打蛋器、烤盘、耐热手套、网筛等。

## 三、曲奇饼干配方（见表1-1）

表1-1 曲奇饼干配方

| 原料 | 质量/g | 烘焙百分比 |
| --- | --- | --- |
| 黄油 | 100 | 33.78% |
| 低筋面粉 | 117 | 39.53% |
| 全蛋液 | 38 | 12.84% |
| 盐 | 1 | 0.34% |
| 糖粉 | 40 | 13.51% |
| 合计 | 296 | 100% |

规格：曲奇饼干直径约为3.5 cm，厚度约为1 cm。

项目一　混酥类点心制作

数量：本配方可制成曲奇饼干成品 40～50 个。

## 四、工艺流程

面糊调制→挤注成型→烘烤→冷却→包装。

## 五、制作

### （一）制作步骤

**1. 面糊调制**

**步骤 1**

将软化成膏状的黄油和糖粉放在搅拌缸中，用厨师机搅拌、打发，直至黄油颜色发白。

**步骤 2**

在搅拌缸中分次加入全蛋液，搅拌至充分融合。

**步骤 3**

加入低筋面粉和盐，用软质刮刀先慢速搅拌，再快速充分搅拌均匀。

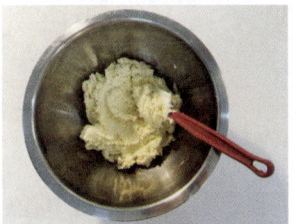

**2. 挤注成型**

**步骤**

将搅拌好的面糊装入裱花袋（已放入裱花嘴）中，挤在烤盘中。

### 3. 烘烤

**步骤**

在烘烤前首先将烤箱预热，温度调整至上火温度170 ℃、下火温度160 ℃，然后将制作好的半成品放入预热好的烤箱中，烘烤约13 min。

> **特别提示**
>
> 提前开启烤箱并预热，目的是使曲奇饼干在高温条件下快速定型。
>
> 烘烤曲奇饼干时，由于烤盘底部金属导热快，因此一般下火温度会比上火温度低10 ℃左右，即上火温度170 ℃、下火温度160 ℃，这样可以避免曲奇饼干底部烤焦而顶部还没上色。烘烤温度越高，面粉筋度越低、延展性越弱，曲奇饼干纹路越清晰。当然，过高的烘烤温度也会导致曲奇饼干外焦内生。
>
> 一般情况下，13 min左右的烘烤时间可使烤熟的曲奇饼干表面呈金黄色，且纹路清晰，口感酥松、香脆。

### 4. 冷却

**步骤**

烘烤至产品表面呈金黄色后取出，自然冷却。

### 5. 包装

**步骤**

按照国家标准规定的食品包装和卫生要求进行密封包装，应注意防潮，否则曲奇饼干会失去酥松性。

## （二）制作注意事项

1. 黄油和糖粉的混合物不宜打发过度，即搅拌时间不宜太久。最好用圆球形搅拌器搅拌，因为它旋转时能让空气充分渗入打发料，会使曲奇饼干质地更均匀、口感更酥松。

2. 尽量不要使用颗粒较大的砂糖，宜选用糖粉、细砂糖或绵白糖。

3. 加入低筋面粉后搅拌均匀即可，不要搅拌太久，以防面粉出筋。

4. 只加蛋清则产品口感会比较硬脆，只加蛋黄则产品口感会比较酥松，若加全蛋液则产品口感适中。

5. 挤注成型时，要求曲奇饼干坯大小一致，一般直径为3.5 cm左右，厚薄要均匀。可选用八齿裱花嘴。

## （三）保存

饼干的保质期一般是8～12个月。如果是散装饼干，其保质期一般为15～30天。自制饼干常温下不加干燥剂时可以储存10～15天，如果添加干燥剂则可保存3周左右。饼干的保质期因配方、操作方法、原料、包装等不同而不同。

自制饼干无添加剂情况下的保存：一般在曲奇饼干完全冷却后，用食品包装袋或包装盒进行密封保存，在春季、秋季时，曲奇饼干可密封保存14天左右；夏季温度过高，曲奇饼干可以密封保存7天左右；冬季温度较低，曲奇饼干易受潮，可以密封保存3天左右。不建议冷藏保存曲奇饼干，因为冰箱内的冷气会影响曲奇饼干的口感。

## 六、相关知识

### （一）曲奇饼干制作设备相关知识

#### 1. 厨师机

厨师机（见图1-1）主要用于中西面点的制作，可以用其揉面、打发或搅拌原料。厨师机的主要配件有圆球形搅拌器、钩形搅拌器、扁平形搅拌器、防溅加料盖等。圆球形搅拌器可以用来打发蛋清、稀奶油、黄油等原料，或制作果汁；钩形搅拌器可以用来搅拌面粉等原料并使其成团；扁平形搅拌器可以用来搅拌面粉等，可用于弱化面粉筋度。

厨师机通常有6～12个挡位，且具有点动功能。当点动功能启用时，厨师机的搅拌速度会加快，通常在需要加大搅拌力度的时候才使用此功能。注意，点动功能只能瞬间加速，不能长时间加速。一般情况下，12挡位厨师机的挡位使用情况如下：低速挡位（1～4挡）主要用于搅拌面粉等原料并使其成团，中速挡位（5～8挡）主要用于和面，高速挡位（9～12挡）主要用于搅拌馅料、打发稀奶油或蛋清等原料。

厨师机一般都比较重，其底部设有吸力吸盘，目的是让设备在使用过程中不移动、不振动。

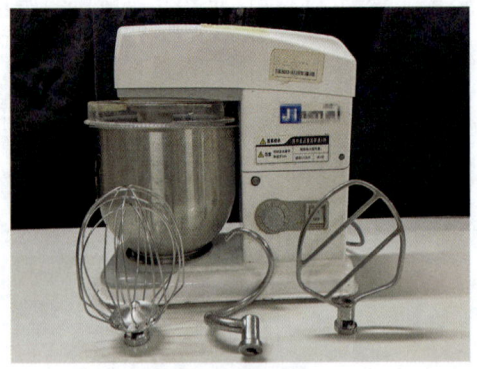

图1-1　厨师机

## 2. 烤箱

烤炉用于烘烤半成品使之成为可食用的成品，一切可烘烤的半成品均适用于烤炉。烤炉按结构形式可分为箱式炉和隧道炉。箱式炉的外形似箱体，故又称烤箱（见图1-2）。目前应用较广泛的烤箱主要有隔层式烤箱、旋转式热风循环烤箱和附醒发箱式烤箱。建议制作西点时采用由上、下管加热，有温度和时间调控及循环风功能的容积适宜的烤箱。

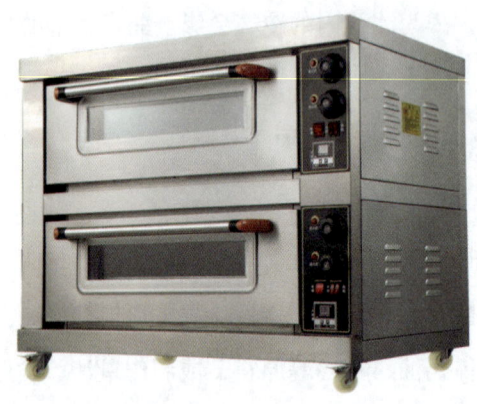

图1-2　烤箱

烤箱的基本操作方法：检查电源电压是否正常；接通电源后，检查烤箱上的指示灯是否正常工作，旋转调节温度旋钮进行预热（可分别进行上、下管预热），当温度达到目标设定值时，观察指示灯颜色的变化，若指示灯变成红色则说明烤箱可以正常工作（注意，当温度还未达到目标设定值时，指示灯是绿色的）；将装饰好的半成品放入烤箱，再设定烘烤温度与时间；通常烘烤一定时间后，要将烤盘前后位置调换后继续烘烤，这样能使半成品的温度分布更均匀；在到达设定时间后，烤箱报警器会长鸣，关闭报警器后就可以将成品取出。在成品出炉后，如果不需要烘烤其他半成品，则可以关闭电源，待烤箱内的温度自然降低至 36 ℃以下，方可将烤箱清洗干净。

烤箱的使用注意事项：烘烤时应从低到高逐渐升温，否则产品容易外焦内生；烘烤完一种产品后，若需要接着烘烤另一种产品，必须喷水降温或等温度自然下降后再进行烘烤；待烤箱降温后才能用湿抹布清洗视窗玻璃，防止玻璃破碎。

烤箱的保养说明：制作结束后应将烤箱表面、视窗玻璃清洁干净；应定期清洁烤箱的背面与底部；应保证烤箱的使用功能正常，并定期校验烤箱的温度计和计时器。

## （二）曲奇饼干制作工具相关知识

### 1. 电子秤

电子秤（见图 1-3）既可用于称量西点固体成品的质量，又可用于精准地称量原料。在制作西点时最好使用精确到克的电子秤。

### 2. 软质刮刀

软质刮刀（见图 1-4）用于调拌面糊、刮净容器内的打发料和涂抹馅料，它能耐高温，有较大的弹性。软质刮刀是制作蛋糕、饼干时的必备工具。

图 1-3　电子秤

图 1-4　软质刮刀

### 3. 裱花袋、裱花嘴

裱花袋（见图 1-5）用于盛装各种面糊或酱料、馅料等。裱花袋材质有帆布、塑胶、尼龙、纸等，其质地应细密，且应有良好的防水、油渗透的能力。裱花袋通常呈三角形，因此又称三角袋。使用裱花袋时会在其三角尖端处留一小口，用来放置裱花嘴。

裱花嘴（见图 1-6）用于面糊、装饰料的挤注成型，通过不同形状的裱花嘴可以将裱花袋中的填充物挤出各种形状。裱花嘴多为不锈钢或铜制成的,呈圆锥形,锥顶留有大小不一的圆形、扁口形或齿状小嘴。

 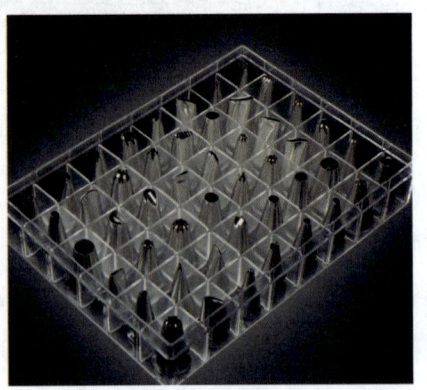

图1-5 裱花袋　　　　　　　　图1-6 裱花嘴

### 4. 打蛋器

打蛋器是用来将鸡蛋的蛋清和蛋黄打散使其充分融合成全蛋液,或单独将蛋清、蛋黄等打发至起泡,或将原料搅拌至膨发的工具。常用的打蛋器分为手动打蛋器、电动打蛋器两种。

(1)手动打蛋器。常见的手动打蛋器(见图1-7)多由不锈钢制成,用于打发稀奶油、蛋清等。手动打蛋器有不同的尺寸,可按需求选择大小,它是制作西点时常用的烘焙工具之一。手动打蛋器以不锈钢条较密、较硬者为佳,建议购买质量好的,因为该工具在西点制作中经常使用。注意,因为电动打蛋器搅拌速度较快,搅拌面糊时容易起筋,所以手动打蛋器更适合搅拌面糊。

(2)电动打蛋器。电动打蛋器(见图1-8)的功率多为180～300 W,建议选择250～300 W的电动打蛋器制作饼干,因为功率太小的电动打蛋器不易打发且容易损坏。电动打蛋器通常配有打蛋网和搅拌钩,其材质以不锈钢为佳。

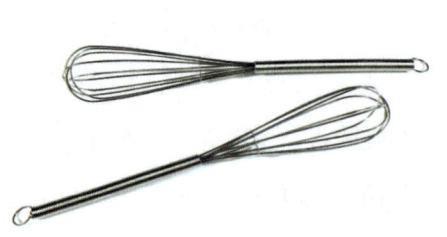 

图1-7 手动打蛋器　　　　　　图1-8 电动打蛋器

电动打蛋器的使用保养方法：应按照产品说明书使用电动打蛋器，不要长时间连续使用，以延长其使用寿命；黄油宜放软一点儿后切成小粒再打发，否则较硬的黄油容易损坏搅拌钩；不建议用电动打蛋器搅打面团，因为面团湿且有黏性，电动打蛋器转起来比较困难，当发热量较大时电动打蛋器易损坏。

### 5. 烤盘

烤盘（见图1-9）是烘烤各类西点产品的重要工具，通常作为载体盛装生坯入炉。烤盘的形式、种类较多，有正方形、长方形的，也有带凹槽的，最常见的是底部平整、四周带沿儿的长方形平烤盘。

### 6. 耐热手套

操作人员佩戴耐热手套（见图1-10），在烘烤过程中或结束时取出烤箱中的烤盘、烤模等高温物品，可避免烫伤。

图1-9　烤盘　　　　图1-10　耐热手套

### 7. 网筛

网筛（见图1-11）用于将面粉、糖粉等粉状原料过筛、去杂质，使其质地更细腻。

图1-11　网筛

## （三）曲奇饼干原料相关知识

### 1. 黄油

黄油又称奶油，其成分以脂肪和水为主，同时含有蛋白质、胆固醇、核黄素、钙、磷等营养物质和矿物质。根据国家标准《食品安全国家标准　稀奶油、奶油和无水奶油》（GB 19646—2010）的要求，黄油产品的脂肪含量必须达到80%及以上，水分含量应不高于16%。

黄油在烘焙中的作用主要有以下几个方面：提供特殊香气，增加风味和营养，补充热能；增加面糊、面团的延展性和可塑性；降低面糊、面团的筋度，使蛋糕、面包等更加润泽、柔软；延缓淀粉的老化速度，延长保质期。

### 2. 面粉

高、中、低筋面粉都可以用来制作曲奇饼干，通常视成品的质地和酥松程度要求来选择。选择高筋面粉时，成品形态美观、口感脆硬；选择低筋面粉时，成品形态不够美观但口感酥松。总体来说，由于曲奇饼干中糖、油所占比例较高，故所用面粉筋度不宜太低，否则会导致质地松散，一般使用筋度比蛋糕粉稍高的面粉即可。

### 3. 糖粉

糖粉是一种洁白的粉末状糖制品。糖粉颗粒非常细，同时含有3%～10%的淀粉（一般为玉米淀粉），可当作调味品或用于制作各种民间美味小吃，有防潮及防止糖粒结块的作用。糖粉也可直接用网筛筛在西点成品上，作为表面装饰。

### 4. 鸡蛋

鸡蛋从结构来看分为蛋清、蛋黄和蛋壳三部分。蛋清主要含有水分、蛋白质（如卵清蛋白等）、碳水化合物、脂肪、维生素等成分，蛋黄则主要含有脂肪（如卵磷脂等）、蛋白质、水分、矿物质、维生素等成分。本任务使用的是将蛋清和蛋黄搅打均匀形成的全蛋液。鸡蛋个头大小不一，个头大的质量通常在55～60 g。

鸡蛋在烘焙中的主要作用有以下几个方面：营养作用，胶凝作用，增加风味和色泽的作用，改善产品口感的作用。

### 5. 盐

盐是一种咸味剂，能与糖的甜味互相补充，能刺激人的味觉神经。盐还能提升其他原料的风味，衬托产品的香味，使产品风味更加突出。

盐在曲奇饼干制作中的主要作用有以下几个方面：增强面团筋度、弹性，提升曲奇饼干整体的风味与口感层次度，起到使成品变膨松的效果。

### （四）曲奇饼干成品质量标准

1. 成品应内外熟透，呈金黄色。
2. 成品大小一致，纹路清晰。
3. 成品内部无塌陷、出油现象。
4. 成品卫生情况良好，无煳底现象。

### （五）混酥面团的调制方法与注意事项

**1. 调制方法**

（1）油面调制法。油面调制法是指先将油脂和面粉放入厨师机搅拌缸内，中速或慢速搅拌，当油脂和面粉充分相融后，再加入鸡蛋等辅料的调制方法。调制要求如下：油脂要完全渗透到面粉中，这样才能使烘烤后的产品具有酥性特点，而且成品表面比较平整、光滑。

（2）油糖调制法。油糖调制法是指先将油脂和糖一起搅拌，然后再加入鸡蛋、面粉等原料的调制方法。油糖调制法是西式面点制作中较为常用的调制方法之一，本任务采用的就是这种调制方法。

**2. 调制注意事项**

（1）制作混酥面团时最好用低筋面粉，以蛋白质含量为10%左右的低筋面粉为佳。如果面粉筋度太高，则在面团的搅拌和整形过程中易起筋，进而在烘烤过程中易出现收缩现象，使成品变硬，失去应有的酥松口感。

（2）通常选用熔点较高的油脂，因为熔点较低的液态油脂吸湿面粉的能力较强，擀制时面坯容易发黏，影响成品的酥松性。

（3）制作混酥面团时应选用颗粒较细的糖制品，如细砂糖、糖粉等。如果糖制品的晶体颗粒太粗，一方面在搅拌时不易融化会造成操作困难，另一方面在产品烤熟后表皮还会出现一些斑点，严重影响成品品质。

（4）为了增强混酥面团的酥性，可适当增加黄油、鸡蛋的用量或添加适当的膨松剂。

## （六）曲奇饼干制作的常见问题、主要原因及处理方法（见表 1-2）

表 1-2　曲奇饼干制作的常见问题、主要原因及处理方法

| 常见问题 | 主要原因 | 处理方法 |
| --- | --- | --- |
| 曲奇饼干粘底 | 饼干坯过于酥松，内部结合力差 | 应减少膨松剂的用量 |
| | 饼干坯放在烤箱后区，且降温时间太长，饼干坯变硬 | 烤箱后区与中区温差不应太大，且后区降温时间不能太长 |
| | 饼干坯较厚而烘烤温度太高，或烘烤时间太短 | 应控制饼干坯厚度，适当调低烘烤温度，或延长烘烤时间 |
| 曲奇饼干凹底 | 面团胀发程度不够 | 可增加膨松剂的用量，尤其是小苏打的用量 |
| | 面团弹性太大 | 可适当增加面团改良剂的用量或延长调粉时间，并添加适量淀粉（面粉用量的 5%～10%）来降低面筋量 |
| | 面粉加入后搅拌不够均匀或搅拌过度 | 应正确、及时地判断面糊搅拌程度（可用软质刮刀左右横向翻拌，查看是否有粉状颗粒或是否出油） |

# 任务二　蔓越莓饼干制作

蔓越莓饼干由欧美国家传入中国，是一种高糖、高油脂的食品。随着人们生活水平的提高，人们逐渐减少高糖、高油脂食品的摄入，因此，开发符合人体健康需求的蔓越莓饼干，具有十分重要的意义。

本任务将以蔓越莓干为辅料，结合传统的蔓越莓饼干制作工艺，制成营养价值丰富的果干类口味饼干。蔓越莓饼干制作简单，成品充满浓郁的黄油香气，口感十分香脆，咀嚼后香甜的蔓越莓味道从口中弥漫开来。

## 一、学习目标

### （一）知识目标

了解蔓越莓饼干原料的属性及营养特点。

掌握冰箱、打蛋器的安全使用方法。

### （二）技能目标

学会制作蔓越莓饼干的工艺流程。

## 项目一 混酥类点心制作

能够发现和分析蔓越莓饼干制作的常见问题,并掌握处理方法。

### 二、设备和工具准备

设备:厨师机、烤箱、冰箱。

工具:电子秤、烤盘、餐盘、电动打蛋器、长条饼干模具、切割刀具、网筛、软质刮刀、油纸、冷却烤盘晾网架、耐热手套、保鲜膜等。

### 三、蔓越莓饼干配方(见表 1-3)

表 1-3 蔓越莓饼干配方

| 原料 | 质量 /g | 烘焙百分比 |
| --- | --- | --- |
| 低筋面粉 | 230 | 44.5% |
| 黄油 | 150 | 29.0% |
| 糖粉 | 100 | 19.3% |
| 全蛋液 | 30 | 5.8% |
| 蔓越莓干 | 7 | 1.4% |
| 合计 | 517 | 100% |

规格:蔓越莓饼干成品为正方形,边长为 4 cm,厚度约为 0.5 cm。

数量:本配方可制成蔓越莓饼干成品 30~40 个。

### 四、工艺流程

面团调制→模具成型、冷冻→切片摆盘→烘烤→冷却→包装。

### 五、制作

#### (一)制作步骤

**1. 面团调制**

> **步骤 1**
> 让黄油在室温条件下软化,软化至用软质刮刀轻按就能按开即可。

### 步骤 2

加入糖粉，用软质刮刀压拌均匀。

### 步骤 3

加入全蛋液，用电动打蛋器低速搅拌均匀，使混合料呈膨发状（注意不要搅拌过度）。

### 步骤 4

加入低筋面粉，再将蔓越莓干切碎后加入。

### 步骤 5

将低筋面粉等用厨师机搅拌至均匀、成团。

## 2. 模具成型、冷冻

### 步骤

取适量保鲜膜铺在长条饼干模具中并压实，放入适量的面团按压成型，用冰箱冷冻1h，当面团变硬后就可以准备切片了。

### 3. 切片摆盘

**步骤 1**

将冻硬的面团切成若干个约 0.5 cm 厚的薄片。

**步骤 2**

将切好的蔓越莓饼干坯整齐地摆放在准备好的烤盘中（铺好油纸）。

### 4. 烘烤

**步骤**

在烤箱预热至上火温度 170 ℃、下火温度 140 ℃时，烘烤约 15 min，将蔓越莓饼干烤至金黄色即可。

> **特别提示**
>
> 蔓越莓饼干制作成功的关键因素之一是烘烤温度。不同品牌烤箱在相同温度下烤制的蔓越莓饼干成品差异较大，主要原因是蔓越莓饼干坯受热不均匀，在烤盘中间部位的比在烤盘边缘部位的受热快、容易上色，因而蔓越莓饼干烤熟的程度不同。因此，在烘烤时尽量选用内部温度差异不大的烤箱，同时在烘烤蔓越莓饼干坯的过程中应注意观察，根据产品受热情况分批次取出烤盘晾凉。
>
> 烘烤温度一般为上火温度 170 ℃、下火温度 140 ℃，将蔓越莓饼干烤至金黄色即可。一般情况下，烘烤时间为 15 min 左右，也可根据每个烤箱的加热情况来决定烘烤时间。

## 5. 冷却

**步骤**
烘烤完成后，将蔓越莓饼干取出，放在冷却烤盘晾网架上进行冷却。

## 6. 包装

**步骤**
用透明的自动封口包装袋将每块蔓越莓饼干分别进行包装并密封。

### （二）制作注意事项

1. 黄油用量可根据对口感的需要而调整，想要蔓越莓饼干硬一点儿可以少加黄油。
2. 蔓越莓饼干不同于其他挤注类饼干，若冷藏时间不够长，饼干坯会塌陷。
3. 不要用其他原料替代糖粉，因为糖粉除了可以调味以外，还可以降低面团的延展性。
4. 调制面团时不需要搅拌太久，以防止面粉出筋。
5. 在切片时，要求饼干坯大小一致，一般长、宽皆为 4 cm 左右，厚度约为 0.5 cm。

### （三）保存

自制蔓越莓饼干无添加剂情况下的保存：一般在蔓越莓饼干完全冷却后，用食品包装袋或包装盒进行密封保存。在春季、秋季时，蔓越莓饼干可密封保存 10 天左右；夏季温度过高，蔓越莓饼干可密封保存 5 天左右；冬季温度较低，蔓越莓饼干易受潮，可密封保存 2 天左右。不建议冷藏保存蔓越莓饼干，因为冰箱内的冷气会影响蔓越莓饼干的口感。另外，蔓越莓饼干面团可冷冻保存 6 个月左右，冷藏保存 15 天左右，需要使用时取出解冻、切片、烘烤即可。

## 六、相关知识

### （一）蔓越莓饼干制作设备相关知识

冰箱是保持恒定低温的一种制冷设备，能使食物或其他物品保持恒定低温状态。冰箱内有冷冻室或（和）冷藏室。冰箱的容积通常为 20～500 L。在西点制作中经常用到冰箱，常用的有冷藏冰箱、冷冻冰箱、速冻冰箱。

简单来说，冷藏冰箱（见图1-12）就是只有冷藏室、没有冷冻室的冰箱。冷藏冰箱常用来对烘焙食品进行保鲜，以使烘焙食品的保鲜时间更长一些，并保证其状态不受室温影响。冷藏冰箱结构简单、体积较小，可节约空间。

冷冻冰箱（见图1-13）主要用于将食品进行冷冻。其低温可以让黄油凝结，因而在后续烘烤饼干坯的时候，黄油不会过分扩散而导致油水分离。其低温还能让面团面筋松弛，这样烤出来的饼干也更酥脆。另外，冷冻过的面团会稍微发硬，便于切割。如果面团冷冻时间过长，可在室温环境中先稍微软化一下再进行切割。

速冻冰箱（见图1-14）是一种能迅速降低温度的冰箱，可满足一些西点在制作过程中需要迅速冷冻的要求，能够节省制作时间。

图1-12　冷藏冰箱　　图1-13　冷冻冰箱　　图1-14　速冻冰箱

### （二）蔓越莓饼干制作工具相关知识

#### 1. 长条饼干模具

长条饼干模具（见图1-15）是起定型作用，并使饼干类产品形状统一的一种工具。本任务使用的就是长条饼干模具。

图1-15　长条饼干模具

## 2. 油纸

油纸（见图1-16）不粘黏、耐高温，将饼干坯等摆在上面，烤好后便于取下成品。

图1-16 油纸

## 3. 切割刀具

切割刀具（见图1-17）的主要用途是切食材或者对食材进行雕花等。切割刀具按材质不同可分为不锈钢刀与碳钢刀，也可按用途不同分为中点专用刀和西点专用刀。

图1-17 切割刀具

## 4. 冷却烤盘晾网架

出炉后的饼干、蛋糕、面包等可置于冷却烤盘晾网架（见图1-18）上进行冷却。

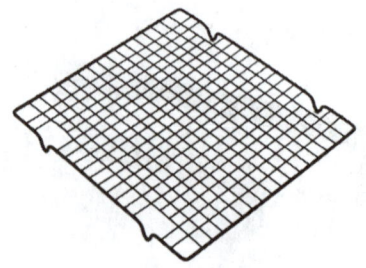

图1-18 冷却烤盘晾网架

### 5. 保鲜膜

保鲜膜（见图1-19）是一种塑料包装制品，从用途上大体分为两类。一类是普通保鲜膜，适用于冰箱保鲜；另一类是微波炉专用保鲜膜，既可用于冰箱保鲜，也可用于微波炉加热。微波炉专用保鲜膜在耐热性、无毒性等方面远优于普通保鲜膜。

图 1-19　保鲜膜

## （三）蔓越莓饼干原料相关知识

### 1. 蔓越莓干

在日常烘焙中，西式面点师经常会使用各种果干对面团进行调味或装饰。蔓越莓的表皮及果肉呈鲜红色，是一种生长在矮藤上的圆形浆果。蔓越莓具有高纤维、低热量、多矿物质和维生素的特点，能丰富整体产品的风味口感。

蔓越莓干的添加量对蔓越莓饼干的色泽影响较大，因为蔓越莓干本身颜色较深，在烘烤作用下，颜色还会加深。总之，蔓越莓干在配方中的烘焙百分比非常重要。

### 2. 糖粉

用来制作蔓越莓饼干的糖制品可以是白砂糖、绵白糖、糖粉，但是三种不同的糖制品对蔓越莓饼干产品的口感会有不同的影响。一般情况下，用糖粉制作的蔓越莓饼干口感最好，而用绵白糖和白砂糖制作的蔓越莓饼干咀嚼时有颗粒感。

### 3. 鸡蛋

鸡蛋在西点中的使用率非常高，鸡蛋的添加可以增加产品的风味，改善产品的口感。在本任务中，鸡蛋的使用还能改善蔓越莓饼干的色泽。

### 4. 面粉

面粉分为高筋面粉、中筋面粉、低筋面粉，其蛋白质含量不同，对蔓越莓饼干的口感影响很大。蛋白质含量高的面粉更容易形成面筋网络，不利于蔓越莓饼干形成酥性口感，因此在相同的烘焙条件下，低筋面粉是最好的选择。

## （四）蔓越莓饼干成品质量标准

1. 成品应内外熟透，呈金黄色。

2. 成品大小一致，薄厚均匀。

3. 成品不过于酥松，无开裂现象。

4. 成品卫生情况良好，无糊底现象。

## （五）蔓越莓饼干制作的常见问题、主要原因及处理方法（见表 1-4）

表 1-4 蔓越莓饼干制作的常见问题、主要原因及处理方法

| 常见问题 | 主要原因 | 处理方法 |
| --- | --- | --- |
| 蔓越莓饼干易碎 | 在室温过高的情况下，黄油会过度软化从而导致黄油打发量与面粉比例失调 | 可加入 10 g 左右的固态黄油进行调整 |
| | 不同品牌的低筋面粉含水量不同 | 若面粉含水量过高导致蔓越莓饼干易碎，可增加 10～30 g 低筋面粉；若面粉含水量过低导致蔓越莓饼干干裂，可减少 10～30 g 低筋面粉 |
| | 冷冻温度或冷冻时间不够，面团未成型或变形 | 继续冷冻面团，可用牙签或竹签在面团中间戳试，戳不动才说明已冻硬成型，然后再取出、切片 |
| 蔓越莓饼干过软 | 油、糖和鸡蛋打发过度导致油脂分离，饼干坯无法凝固成型 | 注意打发时间，在打发油、糖和鸡蛋时，要打发至颜色发白并呈膨发状方可进行下一步 |
| | 切片过晚，面团容易吸收空气中的水分，造成饼干坯融化 | 面团应在冰箱中冷冻到完全变硬，在取出后解冻至可用刀切时要立即切片 |
| | 烤箱品牌不同，烘烤温度通常会有 10 ℃左右的偏差，而烘烤温度不正确会导致蔓越莓饼干的延展性变差 | 提前准备烤箱温度计确认温度偏差，如果偏差大于 10 ℃，可降低烘烤温度 10 ℃，以提高蔓越莓饼干的延展性 |

# 任务三　草莓酥塔制作

酥塔类西点可以制成多种风味，如奶酪味、水果味等。不同口味的酥塔各有特色，但做法其实大同小异。酥塔类西点可搭配甜味馅料，也可搭配咸味馅料。

草莓酥塔是一种酥塔类西点，它以高筋面粉等为主料，以草莓、鸡蛋、牛奶等为辅料，由烤箱烤制而成。草莓酥塔有如下特点：具有黄油的浓郁香气，烘烤之后口感酥脆，但易碎。

## 一、学习目标

### （一）知识目标

了解草莓酥塔原料的属性及营养特点。

项目一　混酥类点心制作

掌握电磁炉的安全使用方法。

### (二) 技能目标

学会制作草莓酥塔的工艺流程。

掌握草莓酥塔的烘烤温度设置方法。

能够发现和分析草莓酥塔制作的常见问题,并掌握处理方法。

## 二、设备和工具准备

设备:厨师机、烤箱、电磁炉及配套的锅、冰箱。

工具:不锈钢盆、电子秤、烤盘、餐盘、软质刮刀、塔模、碗、擀面棍、叉子、美工刀、手动打蛋器、网筛、保鲜膜、裱花袋、耐热手套等。

## 三、草莓酥塔配方(见表1-5)

表1-5　草莓酥塔配方

| 项目 | 原料 | 质量/g | 烘焙百分比 |
|---|---|---|---|
| 塔皮 | 低筋面粉 | 100 | 47.85% |
| | 黄油 | 50 | 23.92% |
| | 白砂糖 | 50 | 23.92% |
| | 盐 | 1 | 0.48% |
| | 全蛋液 | 8 | 3.83% |
| | 合计 | 209 | 100% |
| 卡仕达酱 | 牛奶 | 100 | 62.9% |
| | 蛋黄 | 20 | 12.6% |
| | 白砂糖 | 24 | 15.1% |
| | 低筋面粉 | 12 | 7.5% |
| | 玉米淀粉 | 3 | 1.9% |
| | 合计 | 159 | 100% |
| 装饰料 | 草莓 | 适量 | — |
| | 糖粉 | 适量 | — |

规格:草莓酥塔直径约为7 cm,塔皮厚度约为3 mm。

数量:本配方可制成草莓酥塔成品约6个。

## 四、工艺流程

塔皮面糊调制→成团冷藏→塔皮整形→烘烤、冷却→卡仕达酱调制→装饰。

## 五、制作

### （一）制作步骤

#### 1. 塔皮面糊调制

**步骤**

将白砂糖、盐混合均匀，将黄油切成小块，揉进混合粉料中，使之充分融合。

#### 2. 成团冷藏

**步骤 1**

将塔皮面糊、全蛋液倒入不锈钢盆中，用软质刮刀快速拌匀，防止油水分离。

**步骤 2**

将低筋面粉过筛后倒入不锈钢盆中，拌匀后揉成光滑的面团，放入冰箱略微冷藏。

#### 3. 塔皮整形

**步骤 1**

取出面团，擀开至厚度适中。

项目一　混酥类点心制作

**步骤2**

将擀好的面坯放在塔模上方，用手压实，用美工刀将面坯边缘切割平整，用叉子在塔皮底部戳一些小孔。

### 4. 烘烤、冷却

**步骤**

将塔皮及塔模摆入烤盘，放入预热好的烤箱，上火温度170 ℃、下火温度160 ℃，烘烤20 min后取出冷却。

> 🎂 **特别提示**
>
> 提前将烤箱开启并预热，烤箱的高温可使塔皮快速定型。
>
> 草莓酥塔中的塔皮属于酥类西点，与曲奇饼干的烘烤温度相同。由于烤盘底部导热快，因此一般下火温度会比上火温度低10 ℃左右，这样可以避免产品底部烤焦而顶部还没上色。通常烘烤温度越高，塔皮延展性越弱，纹路保持得越好，当然，过高的烘烤温度也会导致塔皮外焦内生。
>
> 烘烤时，一般上火温度为170 ℃、下火温度为160 ℃，烘烤时间为20 min左右，这时塔皮表面呈金黄色，整体平整，口感酥松、香脆。

### 5. 卡仕达酱调制

**步骤1**

将牛奶用电磁炉加热至沸腾。

023

**步骤2**

先将蛋黄和白砂糖搅拌均匀,再筛入低筋面粉和玉米淀粉并混合均匀,然后倒入少许热牛奶快速搅打均匀。

**步骤3**

将混合液倒入煮牛奶的锅中,小火加热,不断地搅拌至酱料细腻、光滑,之后将卡仕达酱装入碗中,覆盖一层保鲜膜。

### 6. 装饰

**步骤**

将卡仕达酱用裱花袋挤入塔皮中,摆上草莓,筛一些糖粉进行装饰。

## (二)制作注意事项

1. 制作塔皮加入全蛋液时,应快速拌匀,防止出现油水分离的状态。

2. 制作塔皮加入低筋面粉时,应用软质刮刀以切拌的方式将其拌匀,而不要用手反复揉搓,防止面团出油、开裂、起筋。

3. 擀制时应把面团轻轻地卷在擀面棍上,防止面团破裂;擀好后抬起擀面棍,将面坯放在塔模上方,塔模周边多余的面坯部分要均匀分布;轻轻地把面坯向下按,使它紧贴塔模的内壁和底部,确保面坯与塔模的内壁和底部之间没有空隙;将塔模边缘的面坯用美工刀切割平整。

4. 应尽量减少面团的重复使用,因为重复使用在降低面团酥松性的同时还会增加其韧性,影响成品的品质。

5. 通常在擀好的面坯上撒适量面粉，注意不要撒太多，否则面坯难以贴在塔模上。若面粉撒多了，可以用毛刷刷去多余的面粉。

## （三）保存

自制草莓酥塔无添加剂情况下的保存：一般草莓酥塔完全冷却后，用食品包装袋或包装盒进行密封保存。在春季、秋季时，草莓酥塔在常温下可保存约 24 h，若冷藏可保存约 36 h；夏季温度过高，草莓酥塔需要冷藏保存，食用时取出，用微波炉加热后尽快食用；冬季温度较低，草莓酥塔易冷藏保存 2 天左右。不建议草莓酥塔的存放时间过长，因为酱料及新鲜水果时间久了会影响草莓酥塔的整体口感。

# 六、相关知识

## （一）草莓酥塔制作设备相关知识

电磁炉（见图 1-20）又称电磁灶。电磁炉的原理是电磁感应现象，即利用交变电流通过线圈时产生方向不断改变的交变磁场，使处于交变磁场中的导体内部出现涡旋电流，涡旋电流是涡旋电场推动导体中载流子运动所形成的，涡旋电流的焦耳热效应使导体升温，从而实现加热。

图 1-20　电磁炉

## （二）草莓酥塔制作工具相关知识

### 1. 不锈钢盆

不锈钢盆（见图 1-21）是在制作烘焙产品时盛放原料的容器和洗涤用具，也可用作加热液体原料的容器。

图 1-21　不锈钢盆

### 2. 模具

在制作草莓酥塔时，模具的选择往往决定成品的烘烤品质。模具的热传导性能很重要，一方面热传导性好的模具更容易将产品烤出好看的色泽，另一方面模具的热传导性能也会影响产品口感。按材质不同，模具大致分为以下几类。

图 1-22　陶瓷模具

（1）陶瓷模具。陶瓷模具（见图 1-22）的主要特点是耐高温，颜色多变。制作西点时应选用能够进行高温烘烤的陶瓷模具。

（2）玻璃模具。玻璃模具（见图 1-23）主要用来制作甜品和蛋糕。与陶瓷模具一样，要使用烘焙专用的玻璃模具。注意，普通的玻璃容器是不可以用于烘烤的，因为有些玻璃制品含铅，而且劣质的玻璃容器烘烤时容易发生爆炸。

图 1-23　玻璃模具

（3）金属模具。金属模具（见图 1-24）是使用最多的一种烘烤模具。本任务所用的塔模就属于金属模具。

图 1-24　金属模具

金属模具中的不锈钢模具（见图1-25）应用较为广泛，其最大特点是保存和使用方便，容易清洗，不易生锈。

### 3. 擀面棍

擀面棍（见图1-26）是一种古老的烹饪工具，多呈圆柱形，在平面上可滚动，常用来擀压面团等可塑性食品原料。擀面棍多为木质的，是制作西点的常用工具。

图1-25 不锈钢模具

图1-26 擀面棍

## （三）草莓酥塔原料相关知识

### 1. 白砂糖

白砂糖颗粒呈均匀的结晶状，颜色洁白，甜味纯正，甜度稍低于红糖。适当食用白砂糖有补中益气、和胃润肺、养阴止汗的功效。国家标准《食品安全国家标准 食糖》（GB 13104—2014）将白砂糖定义为：以甘蔗或甜菜为原料，经提取糖汁、清净处理、煮炼结晶和分蜜等工艺加工制成的蔗糖结晶。

### 2. 牛奶

在制作西点时，牛奶的作用与奶粉类似，主要起到提香增味、提高营养价值的作用。同时，牛奶中含有大量的水分，可以作为配方中的水分来源。当然，牛奶和水原则上是不可以等量替换的，因为牛奶中还含有蛋白质、乳脂等营养物质。在制作卡仕达酱时，可以用全脂牛奶、低脂牛奶、脱脂牛奶等，也可以将奶粉、浓缩牛奶冲兑后使用。

### 3. 玉米淀粉

玉米淀粉中含有少量的脂肪、蛋白质等，在加热后具有一定的黏性，在制作卡仕达酱时加入玉米淀粉就是为了增大黏度。将玉米淀粉添加在食物中可以起到膨化、改善口感（更香、甜、软）、改善色泽等作用。

### 4. 糖粉

糖粉是一种洁白的粉末状糖制品。糖粉颗粒非常细，有防潮的作用。本任务将糖粉用网筛直接筛在草莓酥塔上,作为表面装饰。

**5. 盐**

盐在塔皮制作中的主要作用有以下几个方面:增强面团筋度、弹性,提升塔皮的整体风味与口感层次度。

### (四)草莓酥塔成品质量标准

1. 塔皮松脆、平整。

2. 成品甜度适中。

3. 成品受热均匀,无焦黑色。

4. 成品卫生情况良好,塔皮与酱料及装饰料搭配美观。

### (五)草莓酥塔制作的常见问题、主要原因及处理方法(见表1-6)

表1-6 草莓酥塔制作的常见问题、主要原因及处理方法

| 常见问题 | 主要原因 | 处理方法 |
| --- | --- | --- |
| 烤后塔皮紧缩,或与塔模之间有空隙 | 面粉混拌过度或者面团揉搓过度,导致烘烤时塔皮紧缩 | 混拌时不要过度揉搓面粉,当面团大致粘黏时就可以取出,用手将面团揉成形后,擀薄、冷藏后备用 |
| | 烘烤过度,烘烤时间过长,或中途频繁打开烤箱门延长了烤制时间 | 应隔着视窗玻璃在烤箱外观察产品状态,不要频繁打开烤箱门 |
| | 面团擀压不均匀或捏塔皮时薄厚不均匀,薄的部分很快过度受热而紧缩起来,造成整个塔皮紧缩 | 应将面坯仔细地贴合塔模底部和内壁,角落空气必须排出 |
| 卡仕达酱有生粉感、表面结皮、口感不清爽 | 卡仕达酱在加热初期就会变得浓稠而呈奶油状,如果此时关火,粉料还未熟透,就会有生粉感 | 应在酱料呈奶油状时调至小火并不断地搅拌 |
| | 在降温操作时没有覆盖保鲜膜 | 在降温过程中应覆盖保鲜膜 |
| | 一直转圈式搅拌混合液,导致酱料产生过多面筋,口感不清爽 | 搅拌至酱料呈现光泽感,提起手动打蛋器,酱料呈顺滑的飘带状即可 |

## 任务四 栗子抹茶塔制作

栗子抹茶塔的特点是制作简单,营养丰富,口感酥脆,质地有韧性。

## 一、学习目标

### （一）知识目标

了解栗子抹茶塔原料的属性及营养特点。

掌握绞肉机、破壁机的安全使用方法。

### （二）技能目标

学会制作栗子抹茶塔的工艺流程。

能够发现和分析栗子抹茶塔制作的常见问题，并掌握处理方法。

## 二、设备和工具准备

设备：绞肉机、破壁机、烤箱、冰箱、电磁炉。

工具：平底锅、不锈钢盆、玻璃盆、电子秤、烤盘、餐盘、擀面棍、软质刮刀、叉子、电动打蛋器、塔模、耐热手套、保鲜膜、裱花袋、裱花嘴、网筛等。

## 三、栗子抹茶塔配方（见表1-7）

表1-7 栗子抹茶塔配方

| 项目 | 原料 | 质量/g | 烘焙百分比 |
| --- | --- | --- | --- |
| 塔皮 | 黄油 | 80 | 32% |
| | 低筋面粉 | 110 | 44% |
| | 蛋黄 | 24 | 9.6% |
| | 糖粉 | 15 | 6% |
| | 盐 | 1 | 0.4% |
| | 水 | 20 | 8% |
| | 合计 | 250 | 100% |
| 栗子泥 | 糖水栗子 | 60 | 50% |
| | 白砂糖 | 20 | 16.7% |
| | 水 | 40 | 33.3% |
| | 合计 | 120 | 100% |
| 抹茶杏仁酱 | 杏仁粉 | 30 | 19% |
| | 抹茶粉 | 3 | 1.9% |
| | 黄油 | 30 | 19% |

续表

| 项目 | 原料 | 质量/g | 烘焙百分比 |
|---|---|---|---|
| 抹茶杏仁酱 | 奶油奶酪 | 40 | 25.3% |
| | 全蛋液 | 40 | 25.3% |
| | 糖粉 | 15 | 9.5% |
| | 合计 | 158 | 100% |
| 黄油栗子酱 | 黄油 | 80 | 40% |
| | 栗子泥 | 120 | 60% |
| | 合计 | 200 | 100% |
| 装饰料 | 糖粉 | 适量 | — |
| | 糖水栗子 | 4颗 | — |

规格：栗子抹茶塔直径约为7 cm，塔皮厚度约为3 mm。

数量：本配方可制成栗子抹茶塔成品约4个。

## 四、工艺流程

塔皮面团调制→栗子泥调制→塔皮整形→抹茶杏仁酱调制及填充→黄油栗子酱调制及装饰。

## 五、制作

### （一）制作步骤

#### 1. 塔皮面团调制

**步骤1**

在蛋黄里加入水、盐和糖粉拌匀。

**步骤2**

将黄油切成小块（无须软化），与低筋面粉一起放入绞肉机打成粉粒状（在夏季可用手揉搓）。

### 步骤 3

将步骤 2 得到的粉粒状混合料倒入不锈钢盆中，加入步骤 1 调好的混合液，揉成面团。

### 步骤 4

将塔皮面团裹上保鲜膜，放入冰箱冷藏松弛 30 min 以上。

## 2. 栗子泥调制

### 步骤 1

将糖水栗子和白砂糖、水倒入破壁机，搅打成均匀、细腻的栗子泥。

### 步骤 2

将栗子泥用中小火炒干，倒入玻璃盆中晾凉，备用。

## 3. 塔皮整形

### 步骤

将松弛好的塔皮面团擀成约 3 mm 厚，放入塔模中整形，并在底部戳孔。

## 4. 抹茶杏仁酱调制及填充

### 步骤 1

将黄油和糖粉倒入玻璃盆中并打发至颜色发白,再加入全蛋液打发均匀,然后加入奶油奶酪打发均匀。

### 步骤 2

加入杏仁粉和抹茶粉拌匀。

### 步骤 3

将制成的抹茶杏仁酱倒入塔皮内并摊平,将烤箱预热至上火温度 170 ℃、下火温度 160 ℃,烘烤 20 min 左右。

## 5. 黄油栗子酱调制及装饰

### 步骤 1

将黄油打发至颜色发白,加入栗子泥打发至均匀。

**步骤2**

在塔皮底部一层一层地铺黄油栗子酱，使黄油栗子酱呈塔状，再用最小号的圆形裱花嘴围绕塔状黄油栗子酱挤一圈装饰纹路，在顶部放一颗糖水栗子，撒上糖粉进行装饰。

### （二）制作注意事项

1. 选用糖粉是为了使烘烤后的塔皮有光滑的表面和松脆的口感。
2. 应将面坯仔细地贴合塔模底部和内壁，角落的空气也必须排出。
3. 塔皮捏好后可用叉子在底部戳孔，方便烘烤时底部空气顺利排出。
4. 奶油奶酪应提前软化，以防止打发不均匀而导致抹茶杏仁酱颗粒感过重，影响成品口感。

### （三）保存

参考草莓酥塔的相关内容。

## 六、相关知识

### （一）栗子抹茶塔制作设备相关知识

#### 1. 绞肉机

绞肉机（见图1-27）多用于将原料肉按不同工艺要求加工成规格不等的粒状。本任务使用绞肉机将黄油和低筋面粉充分混合，得到颗粒分明的粉粒状混合料。

图1-27　绞肉机

### 2. 破壁机

破壁机（见图1-28）的功率一般都较大，转速也非常快，常用于研磨、搅打等。

## （二）栗子抹茶塔原料相关知识

### 1. 奶油奶酪

奶油奶酪是乳酪的一种。乳酪（又称奶酪、干酪、芝士、起司等）是先用皱胃酶或胃蛋白酶将原料乳凝结成块，再将凝块加工成型、发酵成熟而制得的一种乳制品。乳酪的营养价值很高，含有丰富的蛋白质、脂肪和钙、磷、硫等矿物质及丰富的维生素。在乳酪的成熟过程中，在微生物和酶的作用下，复杂的生物化学变化使不溶性的蛋白质混合物转变为可溶性物质，使乳糖分解为乳酸与其他物质。这些变化使乳酪具有特殊的风味，并促进其消化吸收率的提高。乳酪是制作西点常用的重要营养强化原料。

图1-28 破壁机

乳酪种类较多，其成熟工艺不同，风味、口感和储藏性能也不同。常用的乳酪分为软质乳酪、半硬质乳酪、硬质乳酪、超硬质乳酪等。

### 2. 糖水栗子

糖水栗子主要由水、板栗、糖制作而成，做法简单。糖水栗子的添加能增升产品的整体风味，提高产品的营养价值，还可以作为装饰料增加产品的整体层次感。

### 3. 杏仁粉

杏仁粉是一种杏仁加工产品，是制作烘焙食品常用的一种辅料。杏仁粉多用于改善产品口味。

### 4. 抹茶粉

抹茶粉是用石磨等工具将蒸青绿茶碾磨所形成的微粉状产品。因其具有超细粉末状态，故方便在更多食品领域大量使用。与杏仁粉一样，抹茶粉可作为一种辅料，主要用于改善产品口味。

### 5. 黄油

黄油在塔皮制作中的主要作用有以下几个方面：提供特殊香气，增加风味；提高营养价值，补充热能；增强面团的延展性和可塑性；降低面团的筋度，使产品更柔软；延缓淀粉的老化速度，延长保质期。

## （三）栗子抹茶塔成品质量标准

1. 烘烤成品松脆、平整，受热均匀，无焦黑色。
2. 成品甜度适中。
3. 栗子泥顺滑、无粗糙感。
4. 黄油栗子酱与塔皮比例协调，无溢出现象。
5. 成品卫生情况良好，无组装凌乱等现象。

## （四）栗子抹茶塔制作的常见问题、主要原因及处理方法（见表1-8）

表 1-8 栗子抹茶塔制作的常见问题、主要原因及处理方法

| 常见问题 | 主要原因 | 处理方法 |
| --- | --- | --- |
| 塔皮煳底 | 烤箱预热温度过高 | 按产品需要的温度来设定烤箱的预热温度 |
| | 塔皮及塔模在烤盘中放置的位置不恰当 | 将制作完成的塔皮及塔模整齐地摆放在烤盘中，注意间隔，否则会出现受热不均匀等现象 |
| | 塔皮边缘处过厚时烘烤容易煳底 | 用手指或玻璃杯底部按压塔皮边缘处，将边缘处按薄再按需冷藏、烘烤 |
| 塔皮鼓包（底） | 调制的塔皮面团太黏稠 | 根据配方称准原料，或者撒一些面粉保证塔皮面团表面不粘手 |
| | 塔皮面团松弛时间过短 | 应待塔皮面团充分松弛后再进行擀压 |
| | 在塔皮底部戳孔时未戳透，热气排不出，导致塔皮鼓底 | 将塔皮戳孔时应确保孔已戳透 |

# 任务五　苹果派制作

水果派起源于欧洲东部，随着欧洲移民进入北美洲，如今它已成为典型的美式食品。各类水果派的做法大同小异，本任务是制作苹果派。

苹果派可以做成不同的形状和口味，形状有自由式、标准两层式等，口味有焦糖味、酸奶油味等。苹果派的特点是制作简单，烘烤之后口感外酥里嫩，能保留浓郁的果香，吃起来甜而不腻。

## 一、学习目标

### （一）知识目标

了解苹果派原料的属性及营养特点。

### （二）技能目标

学会制作苹果派的工艺流程。

掌握苹果派加料顺序和搅拌程度的判断方法。

掌握苹果派的烘烤方法。

能够发现和分析苹果派制作的常见问题，并掌握处理方法。

## 二、设备和工具准备

设备：烤箱、电磁炉、冰箱。

工具：不锈钢盆、电子秤、烤盘、派盘、擀面棍、手动打蛋器、软质刮刀、滚针、不锈钢多轮切饼刀、耐热手套、奶锅、水果刀、勺子、刷子、保鲜膜、网筛等。

## 三、苹果派配方（见表1-9）

表1-9　苹果派配方

| 项目 | 原料 | 质量/g | 烘焙百分比 | 备注 |
| --- | --- | --- | --- | --- |
| 派皮 | 低筋面粉 | 150 | 56.6% | — |
| | 黄油 | 60 | 22.6% | — |
| | 水 | 45 | 17.0% | — |
| | 白砂糖 | 10 | 3.8% | — |
| | 合计 | 265 | 100% | — |
| 苹果馅料 | 苹果 | 400 | 76.0% | 2个 |
| | 细砂糖 | 80 | 15.2% | — |
| | 黄油 | 10 | 1.9% | — |
| | 水 | 20 | 3.8% | — |
| | 玉米淀粉 | 10 | 1.9% | — |
| | 柠檬汁 | 5 | 1.0% | — |
| | 盐 | 1 | 0.2% | — |
| | 合计 | 526 | 100% | — |
| 装饰料 | 全蛋液 | 适量 | — | — |

项目一　混酥类点心制作

规格：苹果派直径约为 15 cm，厚度约为 3 cm。

数量：本配方可制成苹果派成品约 2 个。

## 四、工艺流程

派皮面团调制→苹果馅料调制→派皮整形→烘烤。

## 五、制作

### （一）制作步骤

#### 1. 派皮面团调制

**步骤 1**

将黄油 60 g 在室温条件下软化。

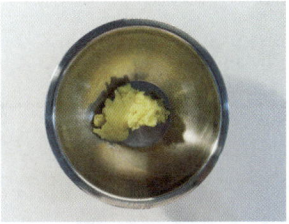

**步骤 2**

加入低筋面粉 150 g、白砂糖 10 g，混合后用手动打蛋器搅拌均匀，无干粉状即可。

**步骤 3**

用手把黄油、低筋面粉、白砂糖抓匀，并搓成小颗粒状。

**步骤 4**

加水 45 g，揉成面团。

#### 步骤 5

用保鲜膜将派皮面团包好,放入冰箱冷藏 1 h 左右,备用。

### 2. 苹果馅料调制

#### 步骤 1

将苹果洗净。

#### 步骤 2

将苹果去皮、去核,切成 2 mm 左右的小碎块,放入冰水中备用。

#### 步骤 3

在奶锅里加入黄油 10 g、柠檬汁 5 g,先小火加热,再倒入苹果粒翻炒几分钟,之后加入细砂糖 80 g,继续翻炒至苹果粒变软、出水。

#### 步骤 4

用玉米淀粉 10 g、水 20 g 调成玉米淀粉汁,备用。

#### 步骤 5

将调好的玉米淀粉汁倒入奶锅中,继续翻炒,待苹果馅料炒至浓稠,关闭电磁炉后加入盐 1 g 拌匀,放凉备用。

### 3. 派皮整形

#### 步骤 1

从冰箱中取出派皮面团并分为四份,两份作为派底,两份作为派表面。将作为派底的面团撒上少许面粉,将其擀至 0.2 cm 厚。

#### 步骤 2

在派盘上铺好擀薄的派皮,用手稍做修整。

#### 步骤 3

用擀面棍沿着派盘边缘擀压。

#### 步骤 4

用手清理多余的派皮。

**步骤 5**

用滚针在派皮上扎出小孔。

**步骤 6**

用勺子盛入已经放凉的苹果馅料。

**步骤 7**

把作为派表面的面团擀开,厚度约为 0.2 cm。

**步骤 8**

用不锈钢多轮切饼刀将派表面切成均匀的细条。

**步骤 9**

将切好的细条交叉地编好,平铺在苹果馅料上。

**步骤 10**

用手压去多余的细条,在派表面上刷适量的全蛋液。

### 4. 烘烤

**步骤**

将烤箱预热至上火温度 180 ℃、下火温度 170 ℃，放入苹果派生坯烘烤 10 min，待苹果派表面呈金黄色即可。

> 🍰 **特别提示**
>
> 提前开启烤箱并预热，是为了让苹果派生坯更好地受热。在烘烤前应先将烤箱预热 10 min 左右，等烤箱预热至烘烤温度时，就可以将苹果派生坯放进去烘烤了。
>
> 烤箱是利用加热管散发的热量来熟制食物的，离加热管越近的那部分食物加热程度越高，因此不建议选择容积较小的烤箱，而宜选择容积较大的烤箱，这样食物受热相对要均匀一些。
>
> 苹果派生坯的烘烤温度一般为上火温度 180 ℃、下火温度 170 ℃，烘烤时间为 10 min 左右，这时苹果派表面呈金黄色，散发浓郁的果香，吃起来甜而不腻。

## （二）制作注意事项

1. 灵活掌握原料比例，冬季时水可以适当增加，夏季时水可以适当减少。
2. 揉面时方法要正确，一定要揉至面团表面光滑。
3. 操作间温度在 22 ℃ 左右、相对湿度在 40% 左右为宜，应避免环境温度过高。
4. 派皮面团不可冻得过硬，如已冻得过硬，应放在室温下恢复到适宜的软硬程度后再操作。
5. 苹果派的派皮厚薄要一致，否则制出的产品形状不完整、不美观。
6. 使用的不锈钢多轮切饼刀应锋利，切制的细条应整齐、平滑。
7. 炒制苹果馅料时应注意火候及时间，避免因火候、时间不当导致调制失败。

## （三）保存

自制苹果派在无添加剂情况下的保存：一般在苹果派完全冷却后，用食品包装袋或包装盒进行密封保存。在春季、秋季时，可密封保存约 36 h；夏季温度过高，苹果派可密封保存 1 天左右；冬季温度较低，苹果派容易保存，可密封保存 2 天左右。不建议苹果派的存放时间过长，因为苹果派内有馅料，存放时间过长会影响其整体口感。

## 六、相关知识

### （一）苹果派制作工具相关知识

#### 1. 奶锅

奶锅（见图 1-29）锅底采用了不粘涂层，性能较好的不粘涂层有特氟龙涂层和陶瓷涂层。一般在加热液体或炒制馅料时选用奶锅。

#### 2. 派盘

派盘有活动底、固定底两种。活动底菊花派盘如图 1-30 所示。派盘的材质主要有以下几类：一般铝材，材质软，易变形，导热性好；铝合金，比一般铝材强度大且不易变形，导热性好，是市场的主流材质；镀铝钢板，这种材质既具有优良的导热性，又不易变形，还能耐高温。

图 1-29　奶锅

图 1-30　活动底菊花派盘

#### 3. 滚针

滚针（见图 1-31）是制作饼干、比萨、派皮的专用工具，多由食品级塑料制成。

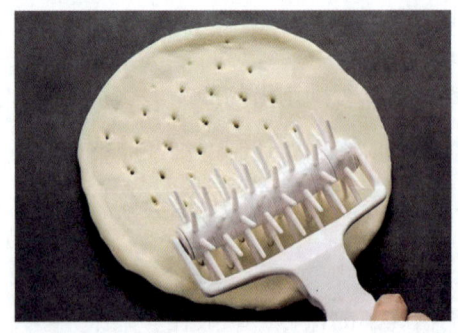

图 1-31　滚针

项目一　混酥类点心制作

### 4. 不锈钢多轮切饼刀

不锈钢多轮切饼刀（见图1-32）主要用于切割比萨、面饼、酥皮、蛋糕、饼干、面包等。其尾部带有可旋转的调节钮，整体可伸缩，具有等分切割的功能。不锈钢多轮切饼刀用在西点制作过程中省时省力、方便快捷，用后还易清洗。

图1-32　不锈钢多轮切饼刀

### （二）苹果派原料相关知识

#### 1. 柠檬汁

柠檬汁是新鲜柠檬经榨挤后得到的汁液，酸味极浓，并伴有淡淡的苦涩味和清香味。柠檬汁含有糖类、维生素C、维生素$B_1$、维生素$B_2$、烟酸、钙、磷、铁等营养成分。柠檬汁作为调味品，常用在西式菜肴和西式面点的制作中。柠檬汁具有止咳、化痰、生津、健脾等功效，能增强免疫力、延缓衰老。

#### 2. 全蛋液

在苹果派生坯表面刷全蛋液可以改善成品的色泽。

### （三）苹果派成品质量标准

1. 成品紧实、无缺口。
2. 成品甜度适中。
3. 成品有浓郁的果香，无焦黑色。
4. 成品卫生情况良好，外皮与馅料充分融合。

### （四）苹果派制作的常见问题、主要原因及处理方法（见表1-10）

表1-10　苹果派制作的常见问题、主要原因及处理方法

| 常见问题 | 主要原因 | 处理方法 |
| --- | --- | --- |
| 苹果派面团调制失败 | 包入的黄油过软，擀制时漏油 | 在制作过程中要按需冷藏面团 |
| 苹果派派皮整形失败 | 面团擀制不均匀 | 擀制时双手应均匀用力，注意施力不要过大，擀制的派皮厚度要保持一致 |
| 表面细条摆放后不易成型 | 派皮擀制得过薄 | 擀制派皮时应控制厚度 |

续表

| 常见问题 | 主要原因 | 处理方法 |
|---|---|---|
| 表面细条摆放后不易成型 | 按压力度过大导致细条变形 | 应沿着派盘边缘按压,不要触碰表面的细条,防止其断裂、变形 |
| | 切好的细条在桌面上的放置时间过长而变软,摆放后无法成型 | 操作时动作要快,应抓紧时间将细条放入派盘 |

# 任务六　核桃派制作

核桃派是以核桃仁、低筋面粉、细砂糖等为原料制成的西式面点。核桃派的特点是制作简单,营养丰富,口感酥脆,质地有韧性,富有果仁香味,吃起来甜而不腻。核桃派可以做成多种风味,但做法大同小异。

## 一、学习目标

### (一)知识目标

了解核桃派原料的属性及营养特点。

### (二)技能目标

学会制作核桃派的工艺流程。

能够发现和分析核桃派制作的常见问题,并掌握解决方法。

## 二、设备和工具准备

设备:厨师机、烤箱、冰箱、微波炉或电磁炉。

工具:玻璃容器、电子秤、派盘、烤盘、烤架、擀面棍、软质刮刀、木铲子、滚针、手动打蛋器、锡纸、耐热手套、奶锅、保鲜膜、网筛等。

## 三、核桃派配方(见表1-11)

表1-11　核桃派配方

| 项目 | 原料 | 质量/g | 烘焙百分比 |
|---|---|---|---|
| 派皮 | 低筋面粉 | 100 | 47.6% |
| | 黄油 | 50 | 23.8% |
| | 细砂糖 | 50 | 23.8% |

项目一　混酥类点心制作

续表

| 项目 | 原料 | 质量/g | 烘焙百分比 |
|---|---|---|---|
| 派皮 | 可可粉 | 2 | 1.0% |
|  | 全蛋液 | 8 | 3.8% |
|  | 合计 | 210 | 100% |
| 核桃馅料 | 细砂糖 | 100 | 25.3% |
|  | 红糖 | 40 | 10.1% |
|  | 水 | 100 | 25.3% |
|  | 黄油 | 5 | 1.3% |
|  | 核桃仁 | 150 | 38.0% |
|  | 合计 | 395 | 100% |

规格：核桃派直径约为 11 cm，派皮厚度约为 3 mm。

数量：本配方可制成核桃派成品约 4 个。

## 四、工艺流程

派皮制作→核桃馅料制作→烘烤、冷却。

## 五、制作

### （一）制作步骤

#### 1. 派皮制作

**步骤 1**

将低筋面粉和可可粉混合、过筛以后，与细砂糖一起在玻璃容器里混合均匀。

**步骤 2**

将黄油切成小块（不用软化），与粉料混合在一起，用手用力抓、搓，使黄油和粉料充分混合均匀，并呈现粗粉粒状态。

### 步骤 3

加入全蛋液，用手揉成光滑的派皮面团，将派皮面团用保鲜膜包起来，放入冰箱冷藏 1 h。

### 步骤 4

在操作台上撒一层薄薄的面粉防粘，把冷藏好的派皮面团放在操作台上，擀开至直径约 11 cm。

### 步骤 5

将擀好的派皮铺在派盘里，用手轻轻地按压使派皮贴合派盘。

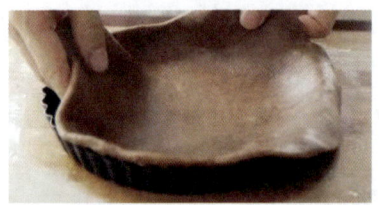

### 步骤 6

将擀面棍沿着派盘边缘擀压，去除多余的派皮。

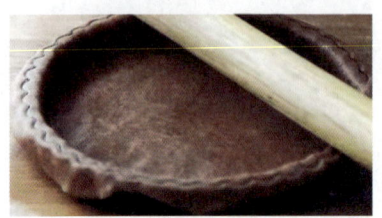

### 步骤 7

在派皮底部用滚针扎一些小孔，然后把派盘放在烤架上，在派皮上方覆盖一层锡纸，放入预热至上火温度、下火温度均为 170 ℃的烤箱中。

项目一 混酥类点心制作

#### 步骤 8

烘烤 15 min 后将派盘取出,把锡纸移除。

### 2. 核桃馅料制作

#### 步骤 1

将核桃仁稍微掰碎,铺在烤盘里,放入预热至上火温度、下火温度均为 170 ℃的烤箱,烘烤约 8 min,取出冷却,备用。

#### 步骤 2

将红糖、细砂糖、水及切成小块的黄油一起放入玻璃容器中,将玻璃容器放入微波炉高火加热 30 s(也可以放入奶锅在电磁炉上稍加热),取出后用手动打蛋器搅拌,直至糖制品全部溶解。

#### 步骤 3

将烤好的核桃碎倒入上述糖溶液中,用木铲子拌匀、冷却即是核桃馅料。

047

### 3. 烘烤、冷却

**步骤**

先将核桃馅料倒入烤好的派皮里均匀平铺，再将派盘放在烤盘上，接着放入预热至上火温度 170 ℃、下火温度 150 ℃的烤箱中烘烤 15 min，取出冷却后脱模、切块。

## （二）制作注意事项

1. 派皮面团放入冰箱冷藏 1 h 左右即可（不要冷藏太久）。
2. 如果是生核桃仁，烤一下或者炒一下可去除苦涩味。

## （三）保存

自制核桃派无添加剂情况下的保存：一般在核桃派完全冷却后，用食品包装袋或包装盒进行密封保存。在春季、秋季时，核桃派可密封保存 1 天左右；夏季温度过高，核桃派需要当天尽快食用；冬季温度较低，核桃派容易受潮，可密封保存 2 天左右。不建议核桃派的存放时间过长，因为存放时间过长会影响核桃派的整体口感。

# 六、相关知识

## （一）核桃派原料相关知识

### 1. 可可粉

从可可树结出的豆荚（果实）里取出可可豆（种子），经发酵、粗碎、去皮等工序得到可可饼（可可豆碎片），将可可饼脱脂、粉碎之后得到的粉状物即为可可粉。可可粉按含脂量不同可分为高脂可可粉、中脂可可粉、低脂可可粉，按加工方法不同可分为天然可可粉和碱化可可粉。可可粉具有浓烈的可可香气，可用于制作高档巧克力、风味牛奶、冰激凌、糖果、糕点等食品。

### 2. 红糖

红糖是指以甘蔗为原料，经提取糖汁、清净处理后，直接煮制不经分蜜的棕红色或黄褐色的糖。红糖按结晶颗粒不同可分为片糖、红糖粉、碗糖等。红糖含有维生素与微量元素（如铁、锌、锰、铬等），其营养价值比白砂糖高。

### 3. 核桃仁

核桃又称胡桃、羌桃，属于胡桃科植物，它与扁桃、腰果、榛子并称为"四大干果"。核桃仁含有丰富的营养物质，每 100 g 含蛋白质 15～20 g，含碳水化合物 10 g，脂肪含量较高，并含有人体必需的多种微量元素和矿物质，以及胡萝卜素、核黄素等。长期适量食用核桃仁对人体健康有益，可强健大脑。

核桃仁具有独特的风味，烘烤后香气和风味更佳，在增加产品味道和口感方面作用明显，常用于制作核桃派、布朗尼蛋糕等。

## （二）核桃派成品质量标准

1. 成品饱满，无收缩现象。
2. 派皮不鼓起，无裂痕。
3. 成品无焦黑色。
4. 成品卫生情况良好，派皮与馅料充分融合。

## （三）核桃派制作的常见问题、主要原因及处理方法（见表 1-12）

表 1-12 核桃派制作的常见问题、主要原因及处理方法

| 常见问题 | 主要原因 | 处理方法 |
| --- | --- | --- |
| 核桃馅料在烘烤后不上色 | 核桃碎与糖液搅拌不均匀 | 应趁糖液温热时将其与核桃碎搅拌均匀，使糖液充分包裹每一块核桃碎 |
| | 烘烤前核桃馅料还有余温，糖液滴落在派皮内 | 可在烘烤前将核桃馅料冷藏，使其快速定型后再进行烘烤 |
| | 核桃馅料填充不均匀 | 填充核桃馅料时可用软质刮刀进行平整 |
| 派皮回缩及煳底 | 全蛋液没有与油脂充分乳化，产生油水分离的现象，影响派皮的烘烤 | 加入全蛋液后要充分搅拌，同时全蛋液必须是常温的 |
| | 炉温分布不均匀导致烤箱内部的产品受热不均匀，或炉温过高 | 可在烘烤快结束的最后 5 min 内重点观察产品的上色程度，若有需要可提前取出产品；确保设置适宜的炉温 |
| | 派皮面团冷藏时未用保鲜膜包裹 | 应及时用保鲜膜包裹派皮面团，以保持一定的湿度 |

# 项目二 面包制作

面包具有组织松软、富有弹性、体积膨大等特点。制作面包的常用原料除了有面粉、盐、酵母、水之外,还有鸡蛋、奶粉、糖、油脂等。面包面团的含水量通常较高。

面包制作的任务包括:罗宋面包制作、辫子面包制作、吐司面包制作、南瓜面包制作、甜甜圈制作。

## 任务一　罗宋面包制作

罗宋面包是一款用高筋面粉制作的硬质面包,它起源于俄罗斯。罗宋面包的特点是皮薄且质地酥脆,闻起来有一种特别醇厚的香味,吃起来很有嚼劲。

### 一、学习目标

#### (一)知识目标

熟悉罗宋面包原料的属性及营养特点。

掌握醒发箱的安全使用方法。

#### (二)技能目标

学会制作罗宋面包的工艺流程。

能够发现和分析罗宋面包制作的常见问题,并掌握处理方法。

## 二、设备和工具准备

设备：厨师机、醒发箱、烤箱。

工具：烤盘、电子秤、塑料刮板、面包割刀、擀面棍、不粘高温布、耐热手套、网筛等。

## 三、罗宋面包配方（见表 2–1）

表 2–1  罗宋面包配方

| 项目 | 原料 | 质量/g | 烘焙百分比 | 备注 |
| --- | --- | --- | --- | --- |
| 面包面团 | 高筋面粉 | 750 | 52.6% | — |
| | 盐 | 8 | 0.6% | — |
| | 糖 | 100 | 7.0% | — |
| | 奶粉 | 20 | 1.4% | — |
| | 鸡蛋 | 140 | 9.8% | — |
| | 酵母 | 8 | 0.6% | — |
| | 水 | 280 | 19.6% | — |
| | 黄油 | 120 | 8.4% | — |
| | 合计 | 1 426 | 100% | — |
| 装饰料 | 黄油 | 适量 | — | 软化 |

规格：罗宋面包长约为 11 cm。

数量：本配方可制成罗宋面包成品约 15 个。

## 四、工艺流程

面团调制→面包坯成形→醒发→烤前装饰→烘烤。

## 五、制作

### （一）制作步骤

#### 1. 面团调制

**步骤 1**

将除糖、酵母、黄油以外的其他原料投入厨师机搅拌缸里搅打均匀。

项目二　面包制作

**步骤 2**

将面团搅打至有七成筋力。

**步骤 3**

加入糖、酵母、黄油继续搅打。

**步骤 4**

将面团搅打至完全扩展且能拉扯出薄膜。

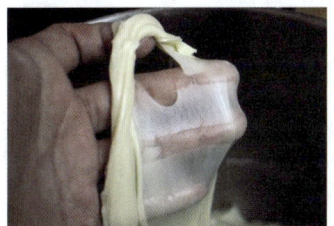

**步骤 5**

将面团取出，静置松弛 15～20 min，备用。

### 2. 面包坯成形

**步骤 1**

将面团按每份 90 g 用塑料刮板进行分割，并揉圆后静置松弛。

**步骤 2**

将松弛好的每份面团大致擀成倒水滴形面坯。

#### 步骤 3

将倒水滴形面坯的左右部分折叠,备用。

#### 步骤 4

将面坯擀成上宽下窄的面皮。

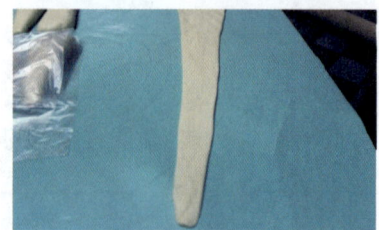

#### 步骤 5

将擀开的面皮翻面,从上往下轻轻地卷起。

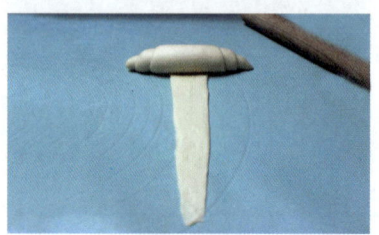

#### 步骤 6

形成中间粗、两头细的罗宋面包坯。

### 3. 醒发

#### 步骤

将罗宋面包坯放入醒发箱醒发,温度设为33 ℃,相对湿度设为75%,醒发至原来体积的两倍,醒发时间约为40 min。

### 4. 烤前装饰

**步骤 1**

用面包割刀对罗宋面包坯进行割口,将罗宋面包坯摆入垫有不粘高温布的烤盘中。

**步骤 2**

在割口处放一条软化好的黄油。

### 5. 烘烤

**步骤 1**

将烤箱预热至上火温度200 ℃、下火温度180 ℃,将装饰好的罗宋面包坯烘烤约 20 min。

**步骤 2**

待罗宋面包烤至金黄色时取出冷却。

> **特别提示**
>
> 提前开启烤箱并预热,目的是让罗宋面包更好地受热膨胀。
>
> 烘烤罗宋面包的时候需要下火温度稍低一些,这样割口处黄油融化后向下流,使面包底部烤得又脆又香,同时能保证面包的快速膨胀与制熟。

### (二)制作注意事项

1. 在搅打面团的过程中可以暂停厨师机,取出一小块面团看能否拉扯出薄膜,以查看其状态。

2. 在罗宋面包坯表面划纹路的时候可以用面包割刀划出一道口子,也可以用剪刀剪出一道口子。若使用剪刀可在剪之前抹点油,避免剪刀粘黏罗宋面包坯。

3. 在烘烤罗宋面包坯时,可以在罗宋面包坯旁边或烤盘下方放一碗水,这样烤好的罗宋面包不会太硬。

### (三)保存

罗宋面包是自制的一款无防腐剂面包,它利用黄油烤出香脆的表皮,所以,它的保存需要防潮。通常罗宋面包在室温下保存(20～30 ℃)即可,不建议用冰箱冷藏保存,因为冷藏室的温度刚好是罗宋面包容易老化的温度(2～4 ℃)。大多数面包不需要冷藏保存,而要在常温或冷冻条件下保存。罗宋面包的最佳赏味期是24 h,最多可以保存3天,超过3天其口感将受影响。

## 六、相关知识

### (一)面包分类相关知识

面包按柔软程度分为两类,一类是软式面包,另一类是硬式面包。

#### 1. 软式面包

这种面包讲求式样漂亮,组织细腻,偏重糖、油和蛋的使用,以形成香酥、松软的口感。软式面包以日本制作的最为典型,其刀工、造型与颜色均十分讲究,且内里香甜,表皮酥软。美国的软式面包则更注重稀奶油和糖的添加。软式面包多采用平盘烤箱烘烤。

#### 2. 硬式面包

欧洲人把面包当作主食,尤其偏爱嚼劲十足的硬式面包。硬式面包配方简单,表皮松脆、醇香,内里柔软有韧性,散发浓郁的麦香,越嚼越有味道。硬式面包按地域可分为德国面包、法国面包、英式茅屋面包、意大利面包等。硬式面包多采用可喷水蒸气的烤箱烘烤,这种烤箱在烘烤初期可喷水蒸气,除了可使硬式面包内部保水率增加外,还能防止硬式面包表面干硬。

### (二)面包发酵相关知识

#### 1. 一次发酵法

一次发酵法又称直接发酵法,是指先将所有的面包原料一次性混合后调制成面团,再进行发酵的面包制作方法。其原理是通过适当增加酵母用量和提高发酵温度,以便提高面团发酵速度,缩短面团发酵时间。一次发酵法的优点是操作简单、发酵时间短、面包成品口感和风味较好,并且可以节省设备和人力;缺点是面包面团老化较快。

### 2. 醒发

醒发又称最后醒发或最后发酵,一般将面包坯装模或整形后送入醒发箱醒发。醒发时,温度一般为30～35 ℃,相对湿度一般为75%。醒发时间一般为30～60 min,醒发后面包坯的体积增至醒发前的两倍为宜。在醒发阶段,可对前几道工序所出现的差错采取一些补救措施,若醒发时发生差错,则无法补救,只能制作出品质较差的面包成品。因此,对于醒发阶段的操作要多加小心,注意多观察。

### (三)罗宋面包制作设备相关知识

醒发箱主要用于对面团进行基本发酵及最后发酵,多由微电脑控制,可设定温度、相对湿度及时间。如图2-1所示是一种单开门13层醒发箱,其温度范围为30～85 ℃,相对湿度范围为30%～100%。

醒发箱具有温度调节作用,能保持箱体内部温度稳定,提供适宜的醒发环境。

醒发箱具有相对湿度调节作用,能保持箱体内部相对湿度稳定,使食物更加松软、可口。

图 2-1　醒发箱

### (四)罗宋面包制作工具相关知识

#### 1. 刮板

刮板一般由不锈钢或塑料制成,主要用于刮粉、和面、分割面团等。如图2-2所示为塑料刮板。

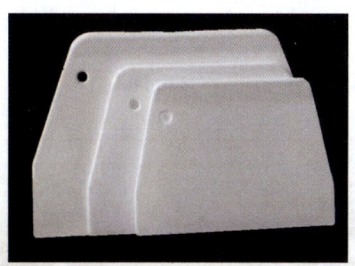

图 2-2　塑料刮板

### 2. 面包割刀

面包割刀（见图2-3）用于在面包坯烘烤前对其进行割口。

### 3. 不粘高温布

不粘高温布（见图2-4）是指用硅胶或经特氟龙处理的玻璃纤维制成的不粘烤盘布，它具有耐高温、防粘连的特点，可连续使用。

图2-3　面包割刀

图2-4　不粘高温布

## （五）罗宋面包原料相关知识

### 1. 高筋面粉

高筋面粉的蛋白质含量为12.5%～13.5%，色泽偏黄，颗粒较粗，不易结块，容易产生筋度，适合制作面包。一般选用高筋面粉制作罗宋面包，其成品形态美观、口感脆硬。

### 2. 油脂

油脂是油和脂的总称，在常温下呈液态的一般称为油，呈固态的一般称为脂。天然油脂的主要成分是由甘油与脂肪酸所形成的甘油三酯。在油脂中，脂肪酸所占的比例较大，因此脂肪酸在很大程度上决定着油脂的性状。脂肪酸可分为饱和脂肪酸和不饱和脂肪酸。油脂中的饱和脂肪酸主要有硬脂酸、软脂酸、花生酸等，不饱和脂肪酸主要有油酸、亚油酸、亚麻酸等。饱和脂肪酸又分为低级饱和脂肪酸（具有挥发性）和高级饱和脂肪酸（固态脂肪酸）。饱和脂肪酸的熔点和凝固点随着脂肪酸基中碳原子数的增加而增大。不饱和脂肪酸分子化学性质不稳定，易发生酸败、氧化作用、氢化作用。不饱和脂肪酸中所含的双键越多，则熔点越低。含不饱和脂肪酸较多的油脂在常温下多呈液态。

油脂是制作西点的主料之一，对改善制品风味、结构、形态、色泽和提高营养价值起重要的作用。在制作各类面包时，多使用黄油。

### 3. 酵母

酵母是一种活的真菌，它能够把糖发酵成酒精和二氧化碳，属于一种天然发酵剂。使用酵母的烘焙制品多口感松软,味道纯正。制作罗宋面包时通常选用活性干酵母。

### 4. 糖

糖的种类有很多,制作面包时常用白砂糖、绵白糖、蜂蜜、葡萄糖、饴糖等。

糖在面包制作中的主要作用有以下几个方面:焦糖化作用;抗氧化作用;提升制品品质和口味的作用;作为天然防腐剂,延长成品保鲜期的作用。

### 5. 鸡蛋

在制作罗宋面包时宜选择常温鸡蛋。

鸡蛋在面包制作中的主要作用有以下几个方面:膨松作用,营养作用,丰富面包风味、色泽的作用,改善面包组织结构的作用。

### 6. 盐

盐能衬托面包发酵后的香味,与糖的甜味互相补充,使成品风味更加突出。

盐在面包制作中的主要作用有以下几个方面:增强面团筋度、弹性,丰富面包整体风味,增加口感的层次度,起到膨松效果。

### 7. 奶粉

在制作西点时使用的奶粉通常是无脂、无糖奶粉。在制作罗宋面包时加入适量奶粉,可以丰富成品风味。

## (六)罗宋面包制作的常见问题、主要原因及处理方法(见表 2-2)

表 2-2　罗宋面包制作的常见问题、主要原因及处理方法

| 常见问题 | 主要原因 | 处理方法 |
| --- | --- | --- |
| 罗宋面包体积过小 | 面团搅打过度 | 在搅拌过程中应注意判断面筋的生成程度,控制搅打时间 |
| | 发酵不足 | 确定适当的发酵温度和时间 |
| | 活性干酵母失活 | 开封后的活性干酵母要冷藏保存,未开封的活性干酵母才可以放在室温下保存 |
| 罗宋面包内部组织粗糙 | 发酵时间过长 | 更换高活性酵母缩短发酵时间,控制发酵速度 |
| | 面粉品牌不同则含水量不同,若面粉含水量过低,将影响面包内部组织的形成 | 如果加黄油后面团越搅打越干,可适当增加水的用量,这样有利于拉扯出薄膜 |
| | 制作过程中撒手粉太多 | 控制撒手粉的用量,一般越少越好 |

# 任务二　辫子面包制作

辫子面包的外形如同一根"辫子"，编法也与辫子编法类似。辫子面包历史悠久，古希腊人在祭祀时会制作这种面包。后来，这种具有装饰性的辫子面包在欧洲广受欢迎。

## 一、学习目标

### （一）知识目标

熟悉辫子面包原料的属性及营养特点。

### （二）技能目标

学会制作辫子面包的工艺流程。

能够发现和分析辫子面包制作的常见问题，并掌握处理方法。

## 二、设备和工具准备

设备：厨师机、醒发箱、烤箱。

工具：烤盘、电子秤、网筛、擀面棍、塑料刮板、刷子、耐热手套等。

## 三、辫子面包配方（见表2-3）

表2-3　辫子面包配方

| 项目 | 原料 | 质量/g | 烘焙百分比 |
| --- | --- | --- | --- |
| 面包面团 | 高筋面粉 | 260 | 41.9% |
| | 低筋面粉 | 65 | 10.5% |
| | 白砂糖 | 50 | 8.1% |
| | 活性干酵母 | 5 | 0.8% |
| | 盐 | 5 | 0.8% |
| | 鸡蛋 | 30 | 4.8% |
| | 牛奶 | 140 | 22.6% |
| | 黄油 | 65 | 10.5% |
| | 合计 | 620 | 100% |
| 装饰料 | 白芝麻 | 适量 | — |
| | 全蛋液 | 适量 | — |

规格：辫子面包长约18 cm。

数量：本配方可制成辫子面包成品约3个。

项目二 面包制作

## ✪ 四、工艺流程

面团调制→面包坯成形→醒发→烘烤。

## ✪ 五、制作

### （一）制作步骤

#### 1. 面团调制

**步骤 1**
将除黄油之外的所有原料倒入厨师机搅拌缸里搅打。

**步骤 2**
在搅打成团后加入黄油继续搅打。

**步骤 3**
将面团搅打至完全扩展且能拉扯出薄膜。

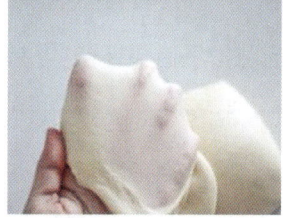

**步骤 4**
取出面团，静置松弛 15~20 min，备用。

#### 2. 面包坯成形

**步骤 1**
将松弛好的面团取出，按每份 60 g 分割、揉圆，备用。

### 步骤 2

将每个面团擀开,再从一端卷至另一端,然后搓成长条,备用。

### 步骤 3

将三个长条的顶点捏合在一起。

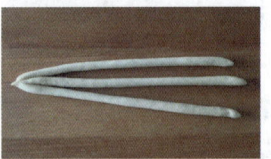

### 步骤 4

从右边起,拿起第一根放在中间那根的左侧,再拿起最左边一根放在中间那根的右侧,重复操作即可。

### 步骤 5

编完后将辫子面包坯两头搓紧。

## 3. 醒发

### 步骤

将醒发箱设置为温度35 ℃、相对湿度75%,放入辫子面包坯醒发至两倍大,在其表面刷全蛋液、撒白芝麻。

## 4. 烘烤

### 步骤 1

将烤箱预热至上火温度、下火温度均为180 ℃,将辫子面包坯烘烤20 min。

> **步骤2**
> 当辫子面包烤至表面呈金黄色时即可取出。

> 🎂 **特别提示**
> 
> 提前开启烤箱并预热,目的是让辫子面包更好地受热膨胀。
> 
> 辫子面包的体积较大,所以,在烘烤时需要考虑热量的传递情况。通常设置烤箱的上火温度、下火温度均为180 ℃,这样可以更好地将面包内部烤熟。一般烘烤18~20 min。

### (二)制作注意事项

1. 搅打面团的速度要先慢后快,注意面团的干湿程度及面筋扩展程度。
2. 注意醒发时间,应防止过度醒发。
3. 烘烤时及时调整辫子面包坯的前后方向,防止上色不均匀。

### (三)保存

辫子面包在冷却后可使用食品包装袋进行密封包装,室温下(20~30 ℃)可存放3~5天。辫子面包的最佳赏味期是2天。不建议用冰箱冷藏保存辫子面包,因为冷藏室的温度刚好是辫子面包容易老化的温度(2~4 ℃)。

## 六、相关知识

### (一)辫子面包原料相关知识

#### 1. 面粉

通常混合使用高筋面粉和低筋面粉制作辫子面包,目的是降低面团的老化速度,中和筋度,以便于操作。

#### 2. 牛奶

制作辫子面包时可加入适量的牛奶,这样制出的成品奶香味浓、颜色深。

## （二）辫子面包制作的常见问题、主要原因及处理方法（见表2-4）

表2-4　辫子面包制作的常见问题、主要原因及处理方法

| 常见问题 | 主要原因 | 处理方法 |
| --- | --- | --- |
| 辫子面包坯醒发后、放入烤箱前收缩下陷 | 面粉筋度不够 | 应选用优质高筋面粉 |
| | 刷全蛋液时力度太大 | 在面包坯表面刷全蛋液时要轻轻地操作 |
| | 面包坯醒发过度 | 当面包坯醒发至八成左右时才可以放入烤箱 |
| 辫子面包表皮颜色过深 | 面包坯醒发时间不足 | 适当延长醒发时间 |
| | 面包坯烘烤过度 | 适当减少烘烤时间 |
| | 烘烤时上火温度过高 | 降低上火温度或在辫子面包坯上覆盖锡纸 |

# 任务三　吐司面包制作

吐司是英文 toast 的音译，吐司面包在粤语中又称多士面包。在实际制作中，吐司面包是用带盖儿或不带盖儿的长方体模具（吐司盒）制作而成的。用带盖儿面包吐司盒烤出的吐司面包经切片后呈正方形，夹入火腿、蔬菜等食材后即为三明治。用不带盖儿面包吐司盒烤出的吐司面包有圆弧状的顶部。

## 一、学习目标

### （一）知识目标

熟悉吐司面包原料的属性及营养特点。

### （二）技能目标

学会制作吐司面包的工艺流程。

能够发现和分析吐司面包制作的常见问题，并掌握处理方法。

## 二、设备和工具准备

设备：厨师机、醒发箱、烤箱。

工具：吐司盒、塑料刮板、擀面棍、电子秤、烤盘（带盖儿）、冷却烤盘晾网架、耐热手套、网筛等。

## 三、吐司面包配方（见表 2-5）

表 2-5 吐司面包配方

| 原料 | 质量 /g | 烘焙百分比 |
|---|---|---|
| 高筋面粉 | 460 | 50.5% |
| 牛奶 | 270 | 29.6% |
| 活性干酵母 | 6 | 0.7% |
| 鸡蛋 | 50 | 5.5% |
| 盐 | 5 | 0.5% |
| 白砂糖 | 80 | 8.8% |
| 黄油 | 40 | 4.4% |
| 合计 | 911 | 100% |

规格：吐司面包长约 19.5 cm、高约 11 cm、宽约 11 cm。

数量：本配方可制成吐司面包成品 2 个。

## 四、工艺流程

面团调制→面包坯成形→醒发→烘烤。

## 五、制作

### （一）制作步骤

#### 1. 面团调制

**步骤 1**

将除黄油之外的其他原料倒入厨师机搅拌缸，用中速挡搅打。

**步骤 2**

待原料成团后，改用高速挡搅打至面团有七成筋力。

### 步骤 3

加入黄油搅打均匀。

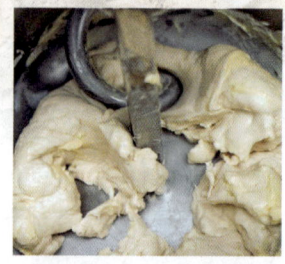

### 步骤 4

将面团搅打至完全扩展且能拉扯出薄膜。

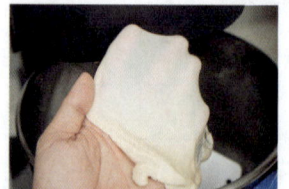

### 步骤 5

取出面团,静置松弛 15 ~ 20 min,备用。

## 2. 面包坯成形

### 步骤 1

将面团按每份 150 g 进行分割,备用。

### 步骤 2

取一份面团,将光滑面朝上,擀成长条状面坯。

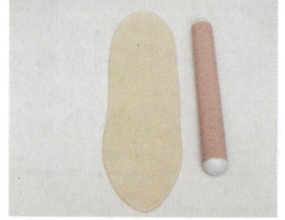

### 步骤 3

将长条状面坯从上往下轻轻地卷起,其他面团进行同样处理后备用。

#### 步骤 4
将卷成卷儿的面坯用手轻轻地拍扁。

#### 步骤 5
将拍扁的面坯擀长，尽量保持上下宽度一致。

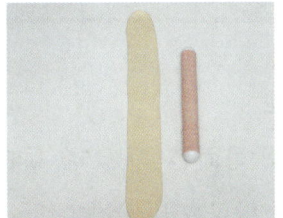

#### 步骤 6
再将面坯从上往下轻轻地卷起，不要过于用力，顺着面坯卷起即可。

### 3. 醒发

#### 步骤 1
三个面包坯为一组，将其放入450 g吐司盒中。

#### 步骤 2
将吐司盒放入醒发箱中，在温度为33 ℃、相对湿度为75%的条件下醒发至七八分满，盖上盖儿准备烘烤。

### 4. 烘烤

**步骤 1**

将烤箱预热至上火温度 200 ℃、下火温度 200 ℃，烘烤约 30 min。

**步骤 2**

烤至吐司面包呈现"金顶白边"的最佳状态即可取出、冷却。

> 🎂 **特别提示**
>
> 提前开启烤箱并预热，目的是让吐司面包更好地膨胀。
>
> 烘烤吐司面包时，由于面包坯在吐司盒内部，因此下火温度要比其他面包高 20 ℃左右。一般使用上火温度 200 ℃、下火温度 200 ℃，烘烤 25～30 min。

### （二）制作注意事项

1. 在卷制的时候要注意力度，轻轻地顺着面坯从上往下卷起即可，不要太用力卷制，也不要留大缝隙。

2. 在擀制的时候要保持面坯上下宽度一致，这样才能保持整个吐司面包的美观性。

3. 在醒发的时候，应准确地判断吐司面包坯的醒发状态。

### （三）保存

吐司面包在冷却后可以使用食品包装袋进行密封包装，室温下（20～30 ℃）可存放 5～6 天。吐司面包的最佳赏味期为 3～4 天。不建议用冰箱冷藏保存吐司面包，因为冷藏室的温度刚好是吐司面包容易老化的温度（2～4 ℃）。

## 六、相关知识

吐司面包制作的常见问题、主要原因及处理方法见表 2-6。

项目二　面包制作

表 2-6　吐司面包制作的常见问题、主要原因及处理方法

| 常见问题 | 主要原因 | 处理方法 |
| --- | --- | --- |
| 吐司面包的组织结构很松散，烘焙张力较差 | 卷制时圈数不够 | 通常第一次卷 3 圈，第二次卷 5 圈左右，切忌低于 3 圈 |
| | 卷制时力度较大 | 卷制力度要小，如果面坯湿度大可配合使用少许撒手粉或油 |
| 成品易老化、发硬、掉渣 | 加入黄油后未搅打至面团完全扩展 | 应将面团充分搅打至完全扩展，即能拉扯出薄膜 |
| | 面包坯醒发时间不足 | 适当延长醒发时间 |
| | 面粉筋力较差 | 可选用烘焙专用面包粉 |

## 任务四　南瓜面包制作

南瓜的营养价值和功效越来越受到广大消费者的重视，将南瓜合理添加到烘焙食品中已成为一种趋势。本任务制作南瓜面包，南瓜的添加改善了面包的风味和口感，提高了面包的营养价值和食用价值。南瓜面包的特点是表面呈金黄色，具有浓郁的南瓜甘甜味。

### 一、学习目标

#### （一）知识目标

了解南瓜面包原料的属性及营养特点。

#### （二）技能目标

学会制作南瓜面包的工艺流程。

能够发现和分析南瓜面包制作的常见问题，并掌握处理方法。

### 二、设备和工具准备

设备：厨师机、醒发箱、烤箱。

工具：烤盘、餐盘、电子秤、塑料刮板、棉线、剪刀、刷子、耐热手套、网筛等。

### 三、南瓜面包配方（见表 2-7）

表 2-7　南瓜面包配方

| 项目 | 原料 | 质量 /g | 烘焙百分比 |
| --- | --- | --- | --- |
| 面包面团 | 高筋面粉 | 300 | 49.8% |

续表

| 项目 | 原料 | 质量/g | 烘焙百分比 |
|---|---|---|---|
| 面包面团 | 鸡蛋 | 120 | 19.9% |
| | 熟南瓜泥 | 80 | 13.3% |
| | 奶粉 | 60 | 10.0% |
| | 白砂糖 | 16 | 2.7% |
| | 黄油 | 18 | 3.0% |
| | 盐 | 2 | 0.3% |
| | 活性干酵母 | 6 | 1.0% |
| | 合计 | 602 | 100% |
| 装饰料 | 碧根果 | 适量 | — |
| | 蛋黄液 | 适量 | — |
| 其他 | 食用油 | 少许 | — |

规格：南瓜面包直径约 9 cm。

数量：本配方可制成南瓜面包成品约 10 个。

## 四、工艺流程

面团调制→面包坯成形→醒发→烘烤、冷却、装饰。

## 五、制作

### （一）制作步骤

#### 1. 面团调制

**步骤 1**

将除黄油和盐之外的其他原料全部倒入厨师机搅拌缸中搅打。

项目二　面包制作

**步骤 2**

将面团搅打至有七分筋力后加入黄油与盐,继续搅打。

**步骤 3**

搅打至面团完全扩展且能拉扯出薄膜。

**步骤 4**

将面团取出,静置松弛 15 ~ 20 min,备用。

### 2. 面包坯成形

**步骤 1**

将面团分割成每份 60 g,揉圆,备用。

**步骤 2**

用食用油浸润棉线,将一份面团用棉线绑出 6 瓣或 8 瓣,初步形成南瓜形面包坯。

### 3. 醒发

**步骤**

设置醒发箱的温度为 35 ℃、相对湿度为 75%，醒发 40 min，将南瓜面包坯醒发至原体积两倍，刷上蛋黄液。

### 4. 烘烤、冷却、装饰

**步骤 1**

将烤箱预热至上火温度 170 ℃、下火温度 185 ℃，烘烤约 20 min。

**步骤 2**

当南瓜面包烘烤至金黄色时即可取出，剪去棉线，冷却。

**步骤 3**

在冷却后的南瓜面包顶部插入碧根果进行装饰。

---

**特别提示**

提前开启烤箱并预热，目的是让南瓜面包更好地膨胀。

烘烤南瓜面包时，由于面团中添加了熟南瓜泥，上色一般会比其他面包要快，因此上火温度要比其他面包略低 10 ℃ 左右。

### （二）制作注意事项

1. 南瓜含水量较高，在提前炒制熟南瓜泥的时候要用小火慢慢地不停翻炒，避免煳底。
2. 调制的面团不要太软，不然不利于成形。

### （三）保存

南瓜面包在冷却后使用食品包装袋进行密封包装，室温下（20～30 ℃）可存放2～4天。南瓜面包的最佳赏味期为2天。不建议用冰箱冷藏保存南瓜面包，因为冷藏室的温度刚好是南瓜面包容易老化的温度（2～4 ℃）。

## 六、相关知识

南瓜面包制作的常见问题、主要原因及处理方法见表2-8。

表2-8 南瓜面包制作的常见问题、主要原因及处理方法

| 常见问题 | 主要原因 | 处理方法 |
| --- | --- | --- |
| 南瓜面包出现较大的气孔 | 因厨师机品牌及容量不一样，可能导致面团在厨师机内搅打得不够均匀 | 在面团搅打好取出后，可用手揉制10 min左右。注意，要采用揉搓的手法，因为简单的压揉无法让面粉和其他原料更好地融合，而经揉搓的面团在醒发后其中的气孔才更加均匀、细腻 |
| | 奶粉过量 | 适量添加奶粉 |
| | 面包坯醒发时受热不均匀 | 醒发时可按需将面包坯调转方向，使其均匀醒发 |
| 南瓜面包表面裂开 | 活性干酵母用量太少 | 检查活性干酵母用量，一般不低于面粉用量的1% |
| | 面团搅打时间不足 | 正确掌握搅打时间，大部分面包面团需要搅打至面筋完全扩展且能拉扯出薄膜 |
| | 面包坯醒发时温度过高或相对湿度过低 | 注意控制醒发时的温度和相对湿度 |

# 任务五　甜甜圈制作

甜甜圈又称多拿滋、唐纳滋，是一种将面粉、糖、黄油和鸡蛋混合之后再经油炸制成的西点。常见的甜甜圈有两种形状，一种是中空环状，另一种是中间包入稀奶油、蛋浆（泛指鸡蛋打发而成的液体）等馅料的封闭型甜甜圈。

在亚洲各国，甜甜圈主要用作零食类点心。而在美国，甜甜圈深受人们的喜爱，常被

当作早餐食物，美国人甚至设立了"甜甜圈日"。

## 一、学习目标

### （一）知识目标

了解甜甜圈原料的属性及营养特点。

掌握油炸锅的安全使用方法。

### （二）技能目标

学会制作甜甜圈的工艺流程。

能够发现和分析甜甜圈制作的常见问题，并掌握处理方法。

## 二、设备和工具准备

设备：厨师机、醒发箱、油炸锅。

工具：电子秤、烤盘、不锈钢漏勺、塑料刮板、擀面棍、长针形温度计、油纸、剪刀、沥油网架、保鲜膜、网筛等。

## 三、甜甜圈配方（见表2-9）

表2-9  甜甜圈配方

| 项目 | 原料 | 质量/g | 烘焙百分比 |
| --- | --- | --- | --- |
| 甜甜圈面团 | 高筋面粉 | 300 | 50.34% |
| | 奶粉 | 10 | 1.68% |
| | 细砂糖 | 30 | 5.03% |
| | 盐 | 3 | 0.50% |
| | 活性干酵母 | 3 | 0.50% |
| | 鸡蛋 | 120 | 20.13% |
| | 牛奶 | 100 | 16.78% |
| | 黄油 | 30 | 5.03% |
| | 合计 | 596 | 99.99% |
| 装饰料 | 防潮糖粉 | 适量 | — |
| | 细砂糖 | 适量 | — |
| 其他 | 植物油 | 适量 | — |

规格：甜甜圈直径约为8.4 cm，空心直径约为3 cm。

数量：本配方可制成甜甜圈成品约8个。

项目二 面包制作

## ◎ 四、工艺流程

面团调制→一次醒发→生坯成形→二次醒发→油炸、装饰。

## ◎ 五、制作

### （一）制作步骤

**1. 面团调制**

**步骤 1**

将除了黄油之外的其他原料放入厨师机搅拌缸搅打。

**步骤 2**

在将面团搅打成团后，加入软化的黄油，继续搅打。

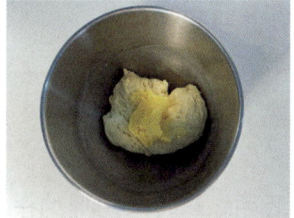

**步骤 3**

将面团搅打至扩展阶段。

**2. 一次醒发**

**步骤 1**

将面团揉圆，放入醒发箱进行一次醒发，温度为 30 ℃，相对湿度为 75%。

**步骤 2**

待面团醒发至两倍大后，取出面团。

## 3. 生坯成形

**步骤 1**

对一次醒发后的面团进行揉捏排气，然后按每份约 75 g 分割成 8 份，再揉圆后静置松弛 20 min。

**步骤 2**

取一份松弛好的面团，将光滑面朝上，用擀面棍擀开，再用手指在中间戳一个孔并整形。

**步骤 3**

将面坯翻过来，采用捏的手法将中心圆孔边及外边捏紧，在接口处捏成一个环形。

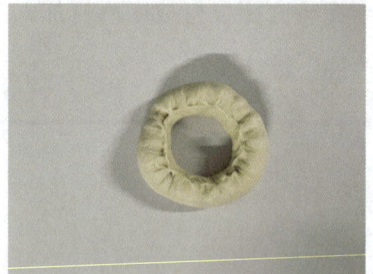

**步骤 4**

裁剪好油纸，把做好的甜甜圈生坯放在上面。

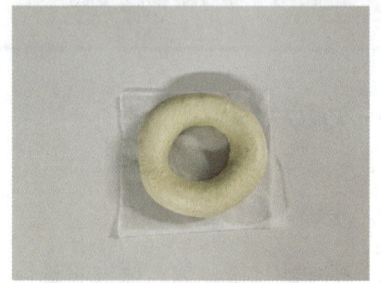

## 4. 二次醒发

**步骤 1**

将甜甜圈生坯全部放入醒发箱进行二次醒发，温度为 30 ℃，相对湿度为 75%，醒发时间在 40 min 左右。

项目二　面包制作

### 步骤 2

待甜甜圈生坯醒发至两倍大,用手指按下去能缓慢回弹即可。

### 5. 油炸、装饰

### 步骤 1

在油炸锅中放入适量植物油,将植物油加热至 120 ℃左右(可使用长针形温度计进行测试)。

### 步骤 2

将醒发好的甜甜圈生坯放入油炸锅。

### 步骤 3

待甜甜圈两面都炸好后捞出,放在沥油网架上控油、冷却 30 s 左右。

### 步骤 4

在细砂糖中加入少许防潮糖粉,撒在甜甜圈表面。

## (二)制作注意事项

1. 松弛小面团时要盖好保鲜膜,防止小面团表面变干。

2. 指定专人负责操作油炸锅,操作时操作人员严禁离岗。

3. 应使用新鲜的植物油,严禁反复使用植物油。

4. 加油量不能太满，以防植物油沸腾后溢出造成危险。

5. 将甜甜圈生坯放入油炸锅里炸时，应使用专用的炸篮或沿着锅壁将其滑入，防止高温油溅出烫伤操作人员。

6. 甜甜圈生坯过湿或一次炸太多易造成植物油过度沸腾，应予以避免。

### （三）油炸及保存

#### 1. 油炸锅准备

提前预热油炸锅内的植物油，这样能让甜甜圈生坯更好地膨胀。

#### 2. 确定油温和油炸时间

油炸甜甜圈生坯时常用 120 ℃ 左右的油温，因为甜甜圈生坯体积较小，所以，在炸至金黄色时，甜甜圈内部组织也会完全熟透。

#### 3. 保存

在甜甜圈冷却后可使用食品包装袋进行密封包装，室温下（20～30 ℃）可存放 2～4 天。甜甜圈的最佳赏味期为 2 天。

## 六、相关知识

### （一）甜甜圈制作设备相关知识

油炸锅（见图 2-5）是一种食物烹饪容器，多为不锈钢或铝制成的。油炸锅使用食用油对食品进行炸制。

图 2-5　油炸锅

### （二）甜甜圈制作工具相关知识

#### 1. 不锈钢漏勺

不锈钢漏勺（见图 2-6）用于捞取和过滤食物。

#### 2. 长针形温度计

长针形温度计（见图 2-7）是西点制作中常用的辅助工具，一般用于测量油温或面包面团的温度,便于控制温度。

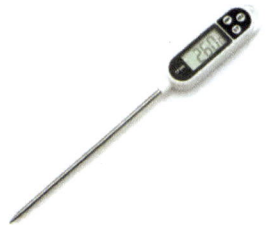

图 2-6　不锈钢漏勺　　　图 2-7　长针形温度计

## (三)甜甜圈制作的常见问题、主要原因及处理方法(见表 2-10)

表 2-10　甜甜圈制作的常见问题、主要原因及处理方法

| 常见问题 | 主要原因 | 处理方法 |
| --- | --- | --- |
| 甜甜圈上色过重 | 当室温较高时,在操作过程中面团容易继续醒发 | 除了操作时动作需要快一些,还应按照揉圆后摆放的先后顺序制作,最后炸制的时候也可以按照此顺序 |
| | 油温没控制好 | 炸制的时候油温最好控制在 120 ℃左右,油温太高容易导致甜甜圈表面上色严重、内部不熟。如果没有长针形温度计,可以先炸一个甜甜圈生坯观察情况,之后转小火保持油温即可 |
| | 植物油放得过少,甜甜圈生坯离锅底太近 | 添加植物油,使甜甜圈生坯在炸制时漂浮起来 |
| 甜甜圈表面不光滑 | 活性干酵母没有揉匀 | 将活性干酵母与其他原料充分搅拌均匀后,可再揉至无颗粒感 |
| | 一次醒发后面团面筋未形成 | 延长面团揉制时间,使面团表面光滑、无颗粒感 |
| | 醒发时间过长,面团表面产生不光滑的颗粒感或内部产生气孔 | 醒发时应注意设定合适的醒发时间 |

# 项目三 蛋糕制作

蛋糕通常是甜的，它以鸡蛋、白砂糖、低筋面粉为主料，以油脂、牛奶、水、泡打粉、塔塔粉等为辅料，经调制、成型、烘烤而制成。蛋糕成品的组织特点是有很多细密的小孔。

蛋糕制作的任务包括：海绵蛋糕制作（全蛋法）、海绵蛋糕制作（分蛋法）、戚风蛋糕制作、天使蛋糕制作、磅蛋糕制作。

## 任务一 海绵蛋糕制作（全蛋法）

海绵蛋糕的制作利用了蛋清起泡性，即在蛋液中充入大量空气，再加入面粉等制成这种膨松的西点。其组织结构类似于多孔的海绵而得名，又称泡沫蛋糕、清蛋糕。

### ◎ 一、学习目标

#### （一）知识目标

掌握蛋清、蛋黄的特性。
掌握全蛋糊打发的技术要求。

#### （二）技能目标

能够打发全蛋糊，调制海绵蛋糕面糊。

能够发现和分析海绵蛋糕制作的常见问题,并掌握处理方法。

## 二、设备和工具准备

设备:烤箱、厨师机、电磁炉。

工具:烤盘、餐盘、不锈钢盆、电子秤、长针形温度计、软质刮刀、塑料刮板、锯齿刀、网筛、不粘高温布、冷却烤盘晾网架、油纸、耐热手套等。

## 三、海绵蛋糕(全蛋法)配方(见表3-1)

表3-1 海绵蛋糕(全蛋法)配方

| 原料 | 质量/g | 烘焙百分比 |
| --- | --- | --- |
| 鸡蛋 | 182 | 53.69% |
| 干燥蛋白粉 | 1 | 0.30% |
| 白砂糖 | 61.5 | 18.14% |
| 蜂蜜 | 13 | 3.83% |
| 低筋面粉 | 45.5 | 13.42% |
| 黄油 | 12 | 3.54% |
| 牛奶 | 24 | 7.08% |
| 合计 | 339 | 100% |

规格:5 cm×5 cm×1 cm。

数量:10个。

## 四、工艺流程

面糊调制→入模成型→烘烤→摆盘。

## 五、制作

### (一)制作步骤

**1. 面糊调制**

**步骤1**

先将黄油、牛奶放入不锈钢盆中隔热水融化、混合至50~55 ℃,再放入温水中保持温度。

#### 步骤 2

将鸡蛋、干燥蛋白粉放入厨师机中隔热水加热至 35 ℃左右，用圆球形搅拌器打发，将白砂糖、蜂蜜各分三次加入，每次加入后都要搅打均匀，最后搅打至全蛋糊呈绸带状。

#### 步骤 3

将低筋面粉过筛后，分两次用软质刮刀慢速拌入全蛋糊中，形成面糊。

#### 步骤 4

将黄油、牛奶混合料先与部分面糊一起用软质刮刀搅拌均匀，再倒入剩余的面糊中搅拌均匀。

### 2. 入模成型

#### 步骤 1

将不粘高温布平铺在烤盘中，倒入调制好的面糊。

#### 步骤 2

用塑料刮板先使面糊分布均匀，再将面糊表面抹平。

## 3. 烘烤

**步骤**

将烤箱预热至上火温度 170 ℃、下火温度 180 ℃,将蛋糕坯放入预热好的烤箱中烘烤 12 ~ 15 min,直至表面呈金黄色。取出烤盘,在操作台上将其轻振几下,将海绵蛋糕倒扣在冷却烤盘晾网架上,轻轻地拿掉底部的不粘高温布,冷却至室温。

### 特别提示

海绵蛋糕内部组织非常疏松,是由鸡蛋等打发所产生的发泡作用形成的。在烘烤过程中,水蒸气受热膨胀导致蛋糕体积膨大。如果蛋糕没有烤熟,出炉冷却后水蒸气又凝结成水渗入蛋糕底部,则会导致蛋糕塌陷、收缩。如果烘烤温度过高,蛋糕表皮过早形成,则会导致表面开裂、外焦内生。

海绵蛋糕的烘烤温度和时间视其形状、体积而定。片状海绵蛋糕厚度较小,容易烤熟,一般需要高温、短时间烘烤,烘烤温度为 170 ~ 180 ℃,烘烤时间为 10 ~ 15 min,以减少内部水分的散失;较厚的圆形海绵蛋糕一般需要低温、长时间烘烤(让热量从表面慢慢渗透进内部,使制品充分烤制、定型),烘烤温度为 150 ~ 160 ℃,烘烤时间为 40 min 左右。

冷却时为了防止海绵蛋糕表面变得干燥,可以在其上方覆盖一张油纸。

## 4. 摆盘

**步骤**

将海绵蛋糕切成正方形小块,摆盘。

## （二）制作注意事项

1. 鸡蛋隔水加热至 35 ℃时，蛋清中球蛋白的表面张力被破坏，黏性增加，胶体性能达到最佳，发泡性、保气性较强。

2. 蛋液与白砂糖混合后应立即搅拌，否则白砂糖会包裹蛋黄，吸收其水分，使蛋黄结晶，导致成品出现蛋黄颗粒。

3. 将全蛋糊与低筋面粉混合时，翻拌动作要轻柔，避免破坏其中的气泡，且不需要搅拌太久，以防面糊出筋。

4. 烤盘不能抹油，否则蛋糕烤熟后容易内缩。

5. 蛋糕面糊调制好后，应及时倒入烤盘、放入烤箱烘烤，否则蛋糕面糊会消泡。

6. 将蛋糕面糊倒入烤盘后，要轻轻地振一下，目的是让气泡分布均匀、稳定。

7. 在确认海绵蛋糕已从内到外完全烤熟后（可将牙签或竹签戳进蛋糕中，抽出后干净无粘连物则说明内外皆熟），才可以将制品拿出烤箱。否则，制品内部未完全烤熟，出烤箱后会很快收缩，同时内部形成胶质，严重影响成品品质。

8. 在烘烤过程中，不要频繁将烤箱门打开，尤其是在制品受热膨胀阶段，否则大量热量会逸出烤箱，导致蛋糕体积缩小。

## 六、相关知识

### （一）蛋糕分类相关知识

**1. 根据用料分类**

（1）面糊蛋糕。面糊蛋糕是以油脂、砂糖和面粉为主料，通过搅拌油脂与砂糖，拌入足够多的空气，在烘烤后达到膨发的效果。面糊蛋糕的典型代表产品为磅蛋糕。

（2）乳沫蛋糕。乳沫蛋糕是以鸡蛋、白砂糖和面粉为主料，通过打发鸡蛋与白砂糖充分拌入空气，在烘烤后达到膨胀、松软的效果。乳沫蛋糕的典型代表产品为海绵蛋糕。

（3）戚风蛋糕。戚风蛋糕结合了面糊蛋糕和乳沫蛋糕的做法，改变了乳沫蛋糕的质地，成品具有较湿润、柔软的口感。普通生日蛋糕、瑞士卷、波士顿派的蛋糕层和装饰用蛋糕多属于戚风蛋糕。

**2. 根据原料处理方式分类**

根据原料处理方式不同，蛋糕可分为全蛋法蛋糕、分蛋法蛋糕。

### 3. 根据鸡蛋的使用情况分类

根据鸡蛋的使用情况不同，蛋糕可分为白蛋糕和黄蛋糕。白蛋糕只使用了蛋清，而黄蛋糕则使用了蛋黄和蛋清。

### 4. 根据成品外形分类

根据成品外形不同，蛋糕可分为卷筒形蛋糕、圆柱形蛋糕、矩形蛋糕、异形蛋糕等。

## （二）海绵蛋糕（全蛋法）膨松原理

在海绵蛋糕的制作过程中，高速搅拌使蛋清中的球蛋白表面张力降低，增加了蛋清的黏性，且球蛋白和其他蛋白质在搅拌器的机械作用下发生轻度变性，变性的蛋白质分子凝结成牢固的薄膜，将被快速打入的空气包围起来，形成许多蛋白泡沫。由于表面张力的作用，蛋白泡沫收缩变小，加上蛋白胶体具有黏性，且低筋面粉等原料附着在蛋白泡沫周围，因此蛋白泡沫变得很稳定，能保持住混入的空气。在烘烤过程中，蛋白泡沫内的空气受热膨胀，使成品疏松、多孔并具有一定的弹性和韧性。

## （三）海绵蛋糕制作工具相关知识

锯齿刀（见图3-1）由不锈钢制成，它具有锋利的锯齿状刀锋，长度一般为25～35 cm。

图3-1　锯齿刀

## （四）海绵蛋糕原料相关知识

### 1. 低筋面粉

海绵蛋糕质地柔软、细腻，宜选用低筋面粉，其蛋白质含量一般为9%～10%。

### 2. 油脂

海绵蛋糕可以使用植物油，也可以使用黄油，本任务使用的是黄油。

油脂在海绵蛋糕制作中的主要作用有以下几个方面：提高蛋糕的营养价值，改善蛋糕的色泽和风味，延缓蛋糕老化。

### 3. 白砂糖

白砂糖在海绵蛋糕制作中的作用有以下几个方面：稳定打发的全蛋糊，增加甜味，形成焦糖色，保持蛋糕的湿润度，延缓蛋糕老化。

### 4. 鸡蛋

打发的全蛋糊为海绵蛋糕提供膨松的组织。

### 5. 牛奶

牛奶通常含有 90% 左右的水分，所以，在西点制作中常用它取代一部分水。牛奶具有较高的营养价值，能提高蛋糕的品质。

牛奶在海绵蛋糕制作中的主要作用有以下几个方面：调整面糊稠度；增加蛋糕的含水量，让蛋糕的口感更细嫩、香甜。

### 6. 干燥蛋白粉

干燥蛋白粉是由蛋清通过喷雾干燥工艺制得的。

干燥蛋白粉在海绵蛋糕制作中的主要作用有以下几个方面：提高蛋液的蛋白质含量，稳定蛋液的打发质量。

## （五）海绵蛋糕（全蛋法）成品质量标准

1. 成品应内外熟透，颜色正常。
2. 成品组织膨松，气孔细密、均匀，口感松软。
3. 成品的卫生状况良好。

## （六）海绵蛋糕（全蛋法）制作的常见问题、主要原因及处理方法（见表3-2）

表 3-2　海绵蛋糕（全蛋法）制作的常见问题、主要原因及处理方法

| 常见问题 | 主要原因 | 处理方法 |
| --- | --- | --- |
| 海绵蛋糕表面开裂 | 烘烤温度过高，蛋糕表面过早结皮、硬化，内部组织向上膨胀时冲破表皮 | 根据海绵蛋糕的不同形状灵活调整烘烤温度 |
| | 湿性原料比例过低，干性原料未能充分吸水、软化 | 增加配方中水、鸡蛋等湿性原料的比例 |
| | 面糊装得太满，膨胀后超出烤盘太多，没有烤盘抓附力的那部分膨胀面糊离上火的发热管越来越近，形成爆炸式裂缝的状态 | 在装面糊时，烤盘应装至七八分满 |
| 海绵蛋糕底部凹陷离模 | 下火温度太高 | 根据海绵蛋糕的不同形状灵活调整下火温度 |
| | 在将烤盘送入烤箱之前振动太用力，卷入了更多的空气，形成大气泡 | 将烤盘稍微振动一两下即可，若面糊中产生明显的气泡，可以用牙签或竹签戳破，或者用塑料刮板画圈刮平 |
| | 面糊没有充分乳化，导致烤盘底部有油脂，面糊失去了模具抓附力 | 应充分乳化面糊，不要造成油液分离 |

# 任务二　海绵蛋糕制作（分蛋法）

采用分蛋法制作海绵蛋糕时需要将蛋清、蛋黄分别打发。与全蛋法制作的海绵蛋糕相比，分蛋法制作的海绵蛋糕组织更加膨松，但承重能力降低。

## 一、学习目标

### （一）知识目标

掌握蛋清、蛋黄分别打发的技术要求。

### （二）技能目标

能够打发蛋清、蛋黄，调制海绵蛋糕面糊。

能够发现和分析海绵蛋糕制作的常见问题，并掌握处理方法。

## 二、设备和工具准备

设备：烤箱、厨师机、电磁炉。

工具：烤盘、餐盘、不锈钢盆、电子秤、长针形温度计、软质刮刀、塑料刮板、手动打蛋器、锯齿刀、网筛、油纸、冷却烤盘晾网架、耐热手套等。

## 三、海绵蛋糕（分蛋法）配方（见表 3-3）

表 3-3　海绵蛋糕（分蛋法）配方

| 项目 | 原料 | 质量 /g | 烘焙百分比 |
|---|---|---|---|
| 蛋糕面糊 | 蛋黄 | 78 | 23.1% |
| | 白砂糖 A | 16 | 4.7% |
| | 蜂蜜 | 13 | 3.8% |
| | 低筋面粉 | 45 | 13.3% |
| | 蛋清 | 104 | 30.8% |
| | 干燥蛋白粉 | 1 | 0.3% |
| | 白砂糖 B | 45 | 13.3% |
| | 黄油 | 12 | 3.6% |
| | 牛奶 | 24 | 7.1% |
| | 合计 | 338 | 100% |
| 馅料 | 稀奶油 | 适量 | — |

规格：35 cm×25 cm×3 cm。

数量：1个。

## 四、工艺流程

面糊调制→入模成型→烘烤→脱模、装饰。

## 五、制作

### （一）制作步骤

#### 1. 面糊调制

**步骤1**

将蛋黄、白砂糖A、蜂蜜放入不锈钢盆中，用手动打蛋器先快速打发，待蛋黄被充分打发后再慢速搅打，直至蛋黄混合料呈坚韧的绸带状。

**步骤2**

将蛋清、干燥蛋白粉放入厨师机中，用圆球形搅拌器打发，将白砂糖B分三次加入，每次加入后都要搅拌均匀，最后打发至中性发泡（将圆球形搅拌器提拉出来，打发的蛋清混合料应呈公鸡尾状）。

**步骤3**

将步骤2打发好的蛋清混合料分成三份，用软质刮刀取出三分之一，拌入步骤1打发好的蛋黄混合料中。

#### 步骤 4

再拌入第二份蛋清混合料,然后拌入过筛的低筋面粉,最后将剩余的一份蛋清混合料拌入。

#### 步骤 5

将黄油和牛奶放入不锈钢盆中隔水加热至50～55℃,将面糊取出一部分与黄油、牛奶混合料拌匀,再倒回另一部分面糊中,搅拌均匀。

### 2. 入模成型

#### 步骤

将油纸平铺在烤盘中,倒入调制好的面糊,先用软质刮刀使面糊分布均匀,再用塑料刮板将面糊表面抹平。

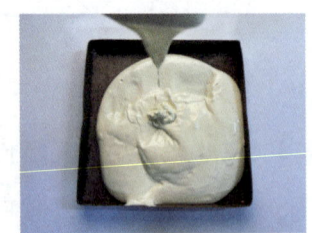

### 3. 烘烤

#### 步骤

将烤箱预热至上火温度180℃、下火温度170℃,将制作好的半成品放入预热好的烤箱中,烘烤12～15 min,至表面呈金黄色,轻轻按压有点儿弹力即可。

**4. 脱模、装饰**

**步骤**

取出烤盘，在操作台上轻振几下，将海绵蛋糕倒扣在冷却烤盘晾网架上，轻轻地拿掉底部油纸，冷却至室温。可根据需要加入稀奶油等馅料，制成不同的造型。

## （二）制作注意事项

1. 蛋黄混合料需要打发至绸带状。

2. 蛋清混合料需要打发至中性发泡。

3. 将蛋清、蛋黄混合料与低筋面粉混合时，动作要轻柔，避免破坏其中的气泡。

## 六、相关知识

### （一）打发蛋清时分次加白砂糖的作用

蛋清先被打发成泡沫状并被带入空气，加白砂糖时泡沫外液体的浓度会迅速增大，形成较强的渗透压，容易消泡。而分次加白砂糖可以减小泡沫外液体浓度骤然变化的程度，减轻消泡影响，让蛋糕更加膨松。

### （二）海绵蛋糕（分蛋法）成品质量标准

1. 成品应内外熟透，颜色正常。

2. 成品组织膨松，气孔细密、均匀。

3. 成品的卫生状况良好。

### （三）海绵蛋糕（分蛋法）制作的常见问题、主要原因及处理方法（见表3-4）

表3-4 海绵蛋糕（分蛋法）制作的常见问题、主要原因及处理方法

| 常见问题 | 主要原因 | 处理方法 |
| --- | --- | --- |
| 海绵蛋糕组织不膨松 | 打发时间不足，面糊密度太大，内部充气量太少 | 严格控制打发时间 |
| | 面糊搅拌过度而消泡，或搅拌不均匀导致密度大的成分下沉 | 将原料混合时应适度翻拌，直至形成均匀、顺滑的状态 |
| | 配方内油脂用量太多 | 油脂用量不宜过多 |

续表

| 常见问题 | 主要原因 | 处理方法 |
|---|---|---|
| 海绵蛋糕侧面"缩腰" | 在蛋糕没有完全冷却时就脱模,此时蛋糕内部组织结构不稳定,脱模时易引起"缩腰" | 待蛋糕完全冷却,让蛋糕内部组织稳定后再脱模 |
| | 蛋清打发过度,面糊组织粗糙、孔洞过大 | 控制蛋清的打发程度 |
| | 面糊搅拌过度,卷入气泡,导致蛋糕内部孔洞过大、支撑力不足 | 将原料混合时不要过度搅拌,翻拌至顺滑、无颗粒状即可 |

# 任务三 戚风蛋糕制作

戚风蛋糕口感柔软,其组织结构主要依靠打发的蛋清支撑,制作方法有烫面法和不烫面法,质感以烫面法制成的更好。

## 一、学习目标

### (一)知识目标

掌握蛋清打发的作用。

### (二)技能目标

能够调制戚风蛋糕面糊。

能够发现和分析戚风蛋糕制作的常见问题,并掌握处理方法。

## 二、设备和工具准备

设备:烤箱、厨师机。

工具:8英寸圆形活动底阳极蛋糕模具、烤盘、不锈钢盆、电子秤、软质刮刀、塑料刮板、手动打蛋器、擀面棍、锯齿刀、网筛、油纸、冷却烤盘晾网架、耐热手套等。

## 三、戚风蛋糕配方(见表3-5)

表3-5 戚风蛋糕配方

| 原料 | 质量/g | 烘焙百分比 | 备注 |
|---|---|---|---|
| 低筋面粉 | 100 | 21.1% | — |

续表

| 原料 | 质量/g | 烘焙百分比 | 备注 |
|---|---|---|---|
| 蛋黄 | 50 | 10.6% | — |
| 植物油 | 45 | 9.5% | — |
| 白砂糖 A | 40 | 8.5% | — |
| 盐 | 1 | 0.2% | — |
| 水 | 70 | 14.8% | — |
| 蛋清 | 100 | 21.1% | — |
| 白砂糖 B | 66 | 14.0% | — |
| 塔塔粉 | 1 | 0.2% | 可用柠檬汁、白醋等替代 |
| 合计 | 473 | 100% | — |

规格：8 英寸。

数量：1 个。

## 四、工艺流程

面糊调制→入模成型→烘烤→脱模、装饰。

## 五、制作

### （一）制作步骤

**1. 面糊调制**

**步骤 1**

将白砂糖 A、植物油、水先用手动打蛋器搅拌均匀，再加入过筛的低筋面粉搅拌至均匀、细腻，最后加入蛋黄搅拌均匀。

#### 步骤 2

将蛋清、塔塔粉、盐放入厨师机中,将白砂糖B分三次加入,打发至中性发泡(将圆球形搅拌器提拉出来,打发的蛋清混合料呈公鸡尾状)。

#### 步骤 3

将打发好的蛋清混合料用软质刮刀取出三分之一,拌入蛋黄面糊中,再倒回剩余的蛋清混合料中,搅拌均匀即可。

### 2. 入模成型

#### 步骤

将油纸平铺在圆形活动底阳极蛋糕模具中,倒入调制好的面糊,先用软质刮刀使面糊分布均匀,再用塑料刮板将面糊表面抹平。

### 3. 烘烤

#### 步骤

将烤箱预热至上火温度150 ℃、下火温度160 ℃,将戚风蛋糕坯放入烤箱烘烤40~50 min,至表面呈金黄色,轻轻按压有点儿弹力即可。

**4. 脱模、装饰**

**步骤**

取出模具，在操作台上轻振几下，将戚风蛋糕倒扣在冷却烤盘晾网架上，冷却至室温，再按需装饰。

## （二）制作注意事项

1. 蛋清混合料温度在室温（17～22 ℃）时胶体性能最佳，发泡性、保气性较强，应注意环境温度。

2. 打发蛋清时不得混入蛋黄等脂类，否则会影响其起泡性。

3. 将蛋清打发至中性发泡即可，过度打发会形成大气泡，使蛋糕组织不够细腻。

4. 蛋黄与白砂糖混合后应立即搅拌，因为白砂糖会包裹蛋黄，吸收其水分，使蛋黄结晶，导致成品出现蛋黄颗粒。

5. 将蛋清混合料、蛋黄面糊混合时，动作要轻柔，避免破坏其中的气泡。

6. 蛋糕模具不能抹油，否则蛋糕烤熟后容易内缩。

7. 蛋糕面糊调制好后，应及时入模进烤箱烘烤，否则蛋糕面糊会消泡。

8. 将蛋糕面糊倒入模具后，要轻轻地振动几下，目的是让气泡分布均匀、稳定。

9. 在烘烤过程中，不要频繁将烤箱门打开，尤其是在制品受热膨胀阶段，否则大量热量会逸出烤箱，导致蛋糕体积缩小。

10. 在烘烤过程中应避免振动烤盘，因为在膨胀过程中若戚风蛋糕受到较大的振动，会影响体积变化。

## 六、相关知识

### （一）戚风蛋糕与海绵蛋糕的异同点

从配方上比较：戚风蛋糕是在分蛋法海绵蛋糕基础上改良的，虽然二者基础原料都包含了鸡蛋、白砂糖、低筋面粉，但戚风蛋糕用植物油替代了黄油，还加入了水，这样就提高了蛋糕的湿润度，使蛋糕即使放在冰箱中保存也能保持柔软、湿润。

从感官上比较：戚风蛋糕口感更轻盈、柔软，而分蛋法海绵蛋糕口感比较扎实、组织结构具有更好的支撑力。

从制作方法上比较：戚风蛋糕的蛋黄不需要打发，在与部分原料搅拌至均匀、细腻后，再与打发的蛋清等混合均匀；而分蛋法海绵蛋糕的蛋黄与部分原料需要先打发至绸带状，再与打发的蛋清混合料分次混合均匀。

### （二）戚风蛋糕制作工具相关知识

蛋糕模具有活动底、固定底之分。活动底模具（见图3-2、图3-3和图3-4）适合制作戚风蛋糕、海绵蛋糕这类不易脱模的蛋糕，固定底模具（见图3-5）适合制作芝士蛋糕、酸奶蛋糕这类采用水浴烘焙法制成、脱模方便的蛋糕。按照制造工艺和材质，蛋糕模具可分为阳极模具、硬膜模具、不粘涂层模具和硅胶模具四大类。

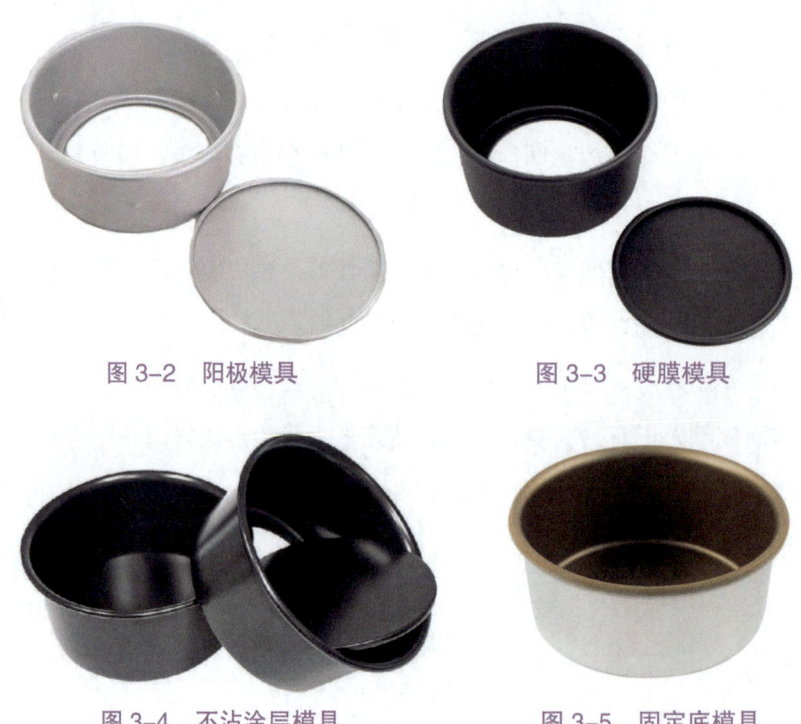

图3-2　阳极模具　　　　　　图3-3　硬膜模具

图3-4　不沾涂层模具　　　　图3-5　固定底模具

阳极模具（见图3-2）的铝合金表面有一种透明的电镀膜，它具有耐腐蚀和抗氧化的特点，这种模具适用范围较广。

硬膜模具（见图3-3）的制作工艺与阳极模具类似，但是质地更硬，表面颜色是黑色，耐腐蚀和抗氧化能力更强，更耐摔、耐刮，使用寿命更长。

不沾涂层模具（见图3-4）的外形与硬膜模具相似，但实际上是在阳极模具的基础上喷了一层不粘涂料。不沾涂层模具容易被刮伤，且耐高温性没有前两种好，烘烤温度不能超过280 ℃。

硅胶模具（见图3-6）用食品级硅胶制成，能耐高温烘烤，适用的温度范围在-40 ~ 230 ℃，易清洗，使用寿命较长。

图3-6　硅胶模具

### （三）戚风蛋糕原料相关知识

#### 1. 植物油

制作戚风蛋糕时一般使用植物油。

植物油在戚风蛋糕制作中的主要作用有以下三个方面：提高蛋糕的营养价值；改善蛋糕的色泽和风味；延缓蛋糕老化。

#### 2. 蛋清

应在室温下将蛋清用厨师机打发，以包裹大量空气，为蛋糕提供膨松的组织。

蛋清在戚风蛋糕制作中的主要作用有以下三个方面：使蛋糕具有足够大的体积；提高蛋糕的营养价值；起胶凝作用，改善蛋糕的风味和色泽。

#### 3. 水

水在戚风蛋糕制作中的主要作用有以下两个方面：调整面糊稠度；提高蛋糕的湿润度，让口感更细嫩、香甜。

可用牛奶替代部分水，以增加戚风蛋糕的香味。

#### 4. 塔塔粉

塔塔粉是一种复配糕点酸度调节剂，可中和蛋清中的碱性物质，降低pH值，提高泡沫的韧性，有助于提高蛋清的起泡性和稳定性。在实际操作中可用柠檬汁、白醋等替代塔塔粉。

### （四）戚风蛋糕成品质量标准

1. 成品应内外熟透，颜色正常。
2. 成品组织膨松，气孔细密，湿润度高，口感柔软。
3. 成品的卫生状况良好。

## （五）戚风蛋糕制作的常见问题、主要原因及处理方法（见表 3-6）

表 3-6　戚风蛋糕制作的常见问题、主要原因及处理方法

| 常见问题 | 主要原因 | 处理方法 |
|---|---|---|
| 戚风蛋糕塌陷、结块 | 蛋糕模具有水渍、油渍，使用前没有清洗干净 | 在蛋糕模具使用前应做好清洁工作，保证模具内干净，无水渍、油渍 |
| | 没有充分搅拌蛋黄面糊，油脂乳化程度不够，有颗粒感；蛋清打发不足，未达到中性发泡状态因而不稳定，造成蛋糕回缩 | 应充分搅拌蛋黄面糊；在打发蛋清时可以按需加少量柠檬汁或白砂糖，增加蛋清的稳定性，但也要避免打发过度 |
| | 烘烤时间短，未完全烤熟就停止烘烤，形成有湿润感的"布丁"层，冷却后结块造成回缩 | 注意在烘烤时观察蛋糕变化，控制烘烤时间；在出炉前 10 min 可以将牙签或竹签插入蛋糕体，提起牙签或竹签若前端无蛋糕屑则说明已烤熟 |
| 戚风蛋糕体积膨胀不足 | 搅拌时间不足，面糊密度太大；或者搅拌过度，面糊稳定性和保气性下降 | 搅拌要充分但不要过度，使面糊达到搅拌均匀的标准 |
| | 面糊装模量太少，未按规定比例装模 | 应按规定比例装模，通常面糊占模具七分满即可 |
| | 烘烤时上火温度过高使蛋糕表面定型太早，或频繁打开烤箱门导致大量冷空气进入 | 应避免烘烤温度太高，上火、下火温度要均匀，且烘烤中途不要频繁打开烤箱门 |

# 任务四　天使蛋糕制作

天使蛋糕外观洁白，组织细腻。其主料有蛋清、白砂糖、低筋面粉等，制作方法与戚风蛋糕类似。天使蛋糕中不加蛋黄、油脂，因而蛋清打发后形成的泡沫能更好地起支撑作用，质地如棉花一般。

## 一、学习目标

### （一）知识目标

掌握天使蛋糕烘烤的特点。

### （二）技能目标

能够调制天使蛋糕面糊。

项目三 蛋糕制作

能够发现和分析天使蛋糕制作的常见问题,并掌握处理方法。

## ⚙ 二、设备和工具准备

设备:烤箱、厨师机。

工具:6英寸圆形活动底中空阳极蛋糕模具、烤盘、电子秤、软质刮刀、网筛、冷却烤盘晾网架、耐热手套等。

## ⚙ 三、天使蛋糕配方(见表3-7)

表3-7 天使蛋糕配方

| 原料 | 质量/g | 烘焙百分比 | 备注 |
| --- | --- | --- | --- |
| 低筋面粉 | 45 | 19.5% | — |
| 玉米淀粉 | 5 | 2.2% | — |
| 蛋清 | 120 | 51.9% | — |
| 白砂糖 | 60 | 26.0% | — |
| 塔塔粉 | 1 | 0.4% | 可用柠檬汁、白醋等替代 |
| 合计 | 231 | 100% | — |

规格:6英寸。

数量:1个。

## ⚙ 四、工艺流程

面糊调制→入模成型→烘烤→脱模、冷却。

## ⚙ 五、制作

下面主要介绍制作步骤。

### (一)面糊调制

**步骤1**

将蛋清、塔塔粉放入厨师机中,分三次加入白砂糖,打发至中性偏软发泡。

#### 步骤2

将低筋面粉、玉米淀粉过筛,倒入打发好的蛋清混合料中,一边倒一边用软质刮刀翻拌,形成均匀的面糊。

### (二)入模成型

#### 步骤

将调制好的面糊倒入无油渍、无水渍的圆形活动底中空阳极蛋糕模具中,倒入七八分满即可,轻轻地振动模具,消除大气泡。

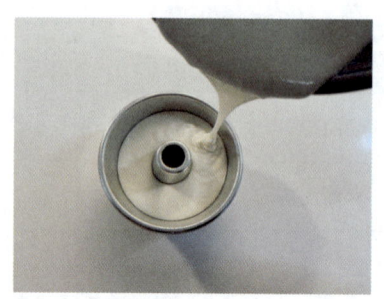

### (三)烘烤

#### 步骤

将烤箱预热至上火温度180 ℃、下火温度170 ℃,将天使蛋糕坯放入预热好的烤箱中,烘烤12～15 min,至表面呈金黄色,轻轻按压有点儿弹力即可。

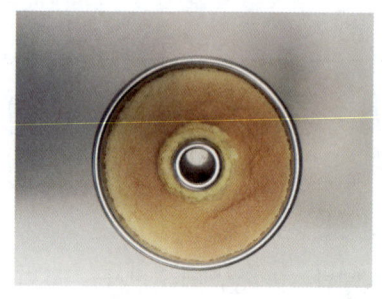

### (四)脱模、冷却

#### 步骤

取出模具,在操作台上轻振几下,将戚风蛋糕脱模,倒扣在冷却烤盘晾网架上,冷却至室温。

## 六、相关知识

### （一）天使蛋糕成品质量标准

1. 成品应内外熟透，颜色洁白。
2. 成品组织膨松，气孔细密，湿润度较高。
3. 成品的卫生状况良好。

### （二）天使蛋糕制作的常见问题、主要原因及处理方法（见表3-8）

表3-8 天使蛋糕制作的常见问题、主要原因及处理方法

| 常见问题 | 主要原因 | 处理方法 |
| --- | --- | --- |
| 天使蛋糕内部质地不均匀 | 搅拌不当，白砂糖未溶解，其他原料与低筋面粉未拌匀 | 注意搅拌程序和要求，原料要充分拌匀 |
|  | 柔性原料用量太多，水分不足，导致面糊太干 | 要根据配方中的比例来称量原料 |
|  | 烘烤温度太低，白砂糖的颗粒太粗 | 白砂糖应充分溶解，同时注意烘烤温度不要太低 |
| 天使蛋糕表面湿黏 | 蛋清打发过度变成棉花状或者消泡 | 蛋清打发至中性偏软发泡即可 |
|  | 烘烤温度不足，蛋糕坯没有烤透 | 起始烘烤温度可以增加10%，等到蛋糕表面上色之后，再将烘烤温度调回 |
|  | 脱模后，如果蛋糕距离桌面太近，也会导致水蒸气回流，造成蛋糕表面湿黏 | 脱模时，最好将蛋糕倒扣在冷却烤盘晾网架上，不要使其距离桌面太近，避免水蒸气回流 |

# 任务五 磅蛋糕制作

磅蛋糕属于油脂蛋糕，它起源于英国，最早只用四种等量原料制成，即一磅糖、一磅面粉、一磅鸡蛋、一磅黄油（1磅 ≈ 453.59 g）。因为每样原料各占四分之一，所以它被传到法国后，类似的蛋糕又称四分之一蛋糕。早期磅蛋糕主要有两种做法，即全蛋法和分蛋法。早期磅蛋糕的质地较粗糙，经过发展，烘焙专家不断地修改配方，磅蛋糕组织才逐渐变得柔软、细嫩。后来，磅蛋糕的配方有了更大的调整，开始向口味清淡化方向发展。现在，烘焙粉、小苏打等现代原料也开始用在磅蛋糕的制作中，有时还会加入淡奶油等。

现在的磅蛋糕内部组织扎实、细腻,奶香浓郁,口感香甜。

## 一、学习目标

### (一)知识目标

了解磅蛋糕原料的属性和营养特点。

了解磅蛋糕面糊的搅拌方法。

### (二)技能目标

能够用糖油搅拌法调制磅蛋糕面糊。

能够发现和分析磅蛋糕制作的常见问题,并掌握处理方法。

## 二、设备和工具准备

设备:烤箱、厨师机、电磁炉。

工具:不粘直角水果条(230 mm×50 mm×65 mm)、烤盘、电子秤、长针形温度计、复底汤锅、软质刮刀、锯齿刀、网筛、刷子、不锈钢盆、冷却烤盘晾网架、耐热手套等。

## 三、磅蛋糕配方(见表 3-9)

表 3-9 磅蛋糕配方

| 项目 | 原料 | 质量 /g | 烘焙百分比 |
| --- | --- | --- | --- |
| 蛋糕面糊 | 低筋面粉 | 160 | 23.8% |
| | 泡打粉 | 2 | 0.3% |
| | 蛋清 | 100 | 14.9% |
| | 鸡蛋 | 66 | 9.8% |
| | 细砂糖 A | 73 | 10.8% |
| | 细砂糖 B | 73 | 10.8% |
| | 淡奶油 | 66 | 9.8% |
| | 黄油 | 133 | 19.8% |
| | 合计 | 673 | 100% |
| 糖浆 | 水 | 100 | 50% |
| | 白砂糖 | 100 | 50% |
| | 合计 | 200 | 100% |
| 装饰料 | 糖粉 | 适量 | — |

规格：磅蛋糕面糊 320 g/ 个，成品大小约 23 cm × 5 cm × 65 cm。

数量：2 个。

## 四、工艺流程

熬制糖浆→面糊调制→入模成型→烘烤→刷糖浆→装饰。

## 五、制作

### （一）制作步骤

#### 1. 熬制糖浆

**步骤**

将水、白砂糖先放入复底汤锅中加热至沸腾，再倒入不锈钢盆中冷却，备用。

#### 2. 面糊调制

**步骤 1**

将少量低筋面粉和泡打粉混合后筛入不锈钢盆中。

**步骤 2**

将软化至 23 ℃ 左右的黄油和细砂糖 A 放入厨师机中，打发至松散。

**步骤 3**

加入混合、过筛的适量低筋面粉、泡打粉。

**步骤 4**

将原料用软质刮刀搅拌均匀（面粉不应起筋）。

**步骤 5**

将鸡蛋分 2～3 次加入搅拌好的混合料中，每一次都应使黄油和鸡蛋充分乳化、融合后再加下一份鸡蛋。

**步骤 6**

分 2～3 次加入常温淡奶油，拌匀，盛出备用。

**步骤 7**

将蛋清和细砂糖 B 放入厨师机中，打发至中性发泡。

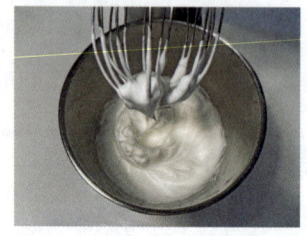

**步骤 8**

将打发好的蛋清混合料分成三份，与剩余的低筋面粉交替拌入步骤 6 形成的面糊中，将面糊搅拌均匀。

项目三　蛋糕制作

### 3. 入模成型

**步骤**

在不粘直角水果条模具内壁上涂抹少许黄油，并撒适量糖粉，将面糊倒入模具，装七八分满即可。

### 4. 烘烤

**步骤**

将烤箱预热至上火温度 170 ℃、下火温度 170 ℃，放入磅蛋糕坯，烘烤约 35 min，至磅蛋糕表面呈棕红色，轻轻按压有点儿弹力即可。在烘烤了 10 min 的时候，打开烤箱，在磅蛋糕表面中间划一刀，之后继续烘烤，以形成漂亮的裂口。

---

**特别提示**

磅蛋糕面糊的含油量、含糖量较高，密度较大，不易烤熟，因此，一般进行低温、长时间烘烤，让蛋糕内外均能烤熟。磅蛋糕的烘烤温度和时间要依据体积大小进行设定，烘烤温度为 150～170 ℃，烘烤时间约为 35 min。一般情况下，磅蛋糕越大，烘烤温度越低，烘烤时间越长；磅蛋糕越小，烘烤温度相对较高，烘烤时间相对较短。

105

### 5. 刷糖浆

> **步骤**
> 
> 烘烤完成后取出模具，在操作台上轻振一下，将蛋糕脱模至冷却烤盘晾网架上，马上刷一层糖浆。

### 6. 装饰

> **步骤**
> 
> 可根据个人口味需求进行装饰。

## （二）制作注意事项

1. 在打发黄油之前需要先将其软化至23 ℃左右，使其呈膏状，这样的黄油更容易与细砂糖混合，也更容易包裹空气。

2. 蛋液、淡奶油温度应与软化黄油的温度保持一致，防止黄油遇冷凝固而出现油水分离状态，造成打发程度不够。

3. 低筋面粉需要提前过筛，以去除杂质，使质地变得更细腻、松散。

4. 加入打发好的蛋清混合料和低筋面粉时翻拌均匀即可，不需要搅拌太久，以防止面粉出筋。

5. 应先在蛋糕模具内壁上涂抹黄油、撒糖粉，再倒入面糊，以方便成品脱模。

6. 蛋糕模具中不要装入太多面糊，防止烘烤时面糊外溢。

## 六、相关知识

### （一）磅蛋糕制作工具相关知识

#### 1. 复底汤锅

复底汤锅（见图3-7）有两层底，两层底中间是真空的，可防止加热时温度过高导致食物焦煳。

项目三　蛋糕制作

图3-7　复底汤锅

### 2. 不粘直角水果条

不粘直角水果条（见图3-8）是制作磅蛋糕的模具，主要用于定型。

图3-8　不粘直角水果条

### （二）磅蛋糕原料相关知识

#### 1. 黄油

制作磅蛋糕时使用的是软化黄油。黄油在磅蛋糕制作中的作用主要有以下几个方面：打发后包裹空气，让蛋糕面糊在烘烤时膨胀，形成膨松的质地；使蛋糕拥有黄油香味，提升蛋糕的品质；延缓蛋糕老化。

#### 2. 泡打粉

磅蛋糕采用全蛋法制作，添加泡打粉会让其组织更加膨松。

### （三）磅蛋糕成品质量标准

1. 成品应内外熟透，颜色正常。
2. 成品内部组织扎实、细腻，奶香浓郁，口感润泽。
3. 成品的卫生状况良好。

## （四）磅蛋糕制作的常见问题、主要原因及处理方法（见表 3-10）

表 3-10 磅蛋糕制作的常见问题、主要原因及处理方法

| 常见问题 | 主要原因 | 处理方法 |
| --- | --- | --- |
| 面糊出现蛋油分离现象及蛋糕成品下陷 | 蛋液温度过低，使面糊中的黄油凝固 | 使用蛋液前，应将其温度调至 23 ℃左右 |
| | 泡打粉用量太多 | 减少泡打粉的用量 |
| | 过早打开烤箱门 | 在磅蛋糕定型前不可以打开烤箱门 |
| | 烘烤时间不够 | 适当延长烘烤时间 |
| 蛋糕成品组织粗糙、内部有孔洞、表面有裂口 | 泡打粉过量，或液体原料不足，或白砂糖过量 | 减少泡打粉的用量，提高蛋液的烘焙百分比，核准白砂糖的用量 |
| | 搅拌过度，气体过多 | 控制搅拌力度和次数 |
| | 将面糊注入模具时留有空隙 | 在面糊入模后，应用软质刮刀搅拌，使面糊充分填满模具，不留空隙 |
| | 蛋液打发不足 | 应充分打发蛋液 |
| | 烘烤温度过高 | 适当降低烘烤温度 |

# 项目四 果冻甜点杯制作

果冻制品常用作西式自助餐的甜点，也常用作宴会甜点，尤其是在夏季用得较多。一般情况下，果冻制品要经过果冻液调制、装模、冷藏等加工工序制成。

果冻甜点杯是一种果冻制品，它可由食用明胶（或白凉粉、果冻粉等）加水、糖、果汁等制成。它利用食用明胶（或白凉粉、果冻粉等）的凝胶作用，通过不同的模具形成风格、形态各异的成品。果冻甜点杯成品呈半固体状态，外观晶莹剔透，色泽诱人，口感软滑。果冻甜点杯成品宜低温保存，或密封后放在阴凉干燥处避光保存。

果冻甜点杯制作的任务包括：百香果椰奶果冻制作、咖啡果冻制作、综合鲜果果冻制作。

## 任务一　百香果椰奶果冻制作

百香果的果汁色、香、味、营养极佳，富含人体必需的氨基酸及多种维生素、微量元素等有益成分，适合生产果汁、果冻、果露、果酱等产品。

百香果椰奶果冻是融合水果和奶制品的一种复合型果冻，它既有椰奶的甘甜味也有百香果的清香味，是夏日解暑、增进食欲的一款甜品。

## 一、学习目标

### （一）知识目标

了解百香果椰奶果冻原料的属性及营养特点。

了解果冻液的调制方法和注意事项。

掌握果冻的成型方法和注意事项。

掌握果冻的脱模、装饰方法。

### （二）技能目标

学会制作百香果椰奶果冻的工艺流程。

能够发现和分析百香果椰奶果冻制作的常见问题，并掌握处理方法。

## 二、设备和工具准备

设备：玻璃煮锅、冰箱。

工具：高脚酒杯、玻璃杯、电子秤、量杯、碗、筷子、保鲜膜等。

## 三、百香果椰奶果冻配方（见表 4-1）

表 4-1　百香果椰奶果冻配方

| 项目 | 原料 | 质量 /g | 烘焙百分比 | 备注 |
| --- | --- | --- | --- | --- |
| 百香果果冻液 | 百香果蜜茶 | 40 | 19.5% | 一种含糖的蜜茶，由百香果、蜂蜜等制成 |
|  | 白凉粉 | 15 | 7.3% | — |
|  | 水 | 150 | 73.2% | — |
|  | 合计 | 205 | 100% | — |
| 椰奶果冻液 | 椰子粉 | 30 | 15.4% | 一种粉末状冲剂 |
|  | 白凉粉 | 15 | 7.7% | — |
|  | 水 | 150 | 76.9% | — |
|  | 合计 | 195 | 100% | — |

规格：195 mL 杯装，分上、下两层。

数量：2 杯。

## 四、工艺流程

称取原料→调制百香果果冻液→调制椰奶果冻液→凝固定型→装饰。

项目四　果冻甜点杯制作

## 五、制作

### （一）制作步骤

#### 1. 称取原料

**步骤**

准确称取原料，有水 300 mL（待分成两份）、百香果蜜茶 40 g、白凉粉 30 g（待分成两份）、椰子粉 30 g。

#### 2. 调制百香果果冻液

**步骤 1**

将 150 mL 水煮沸后加入 15 g 白凉粉，再继续煮 1 min 并不断搅拌，然后兑入百香果蜜茶（留少量做装饰用），置于室温环境下冷却，备用。

> **特别提示**
>
> 在制作百香果椰奶果冻液时，由于使用的是玻璃煮锅，原料受热快，因此煮制温度应控制在 100 ℃，这样可以避免锅底部煮焦，保证成品的品质。

**步骤 2**

将百香果果冻液倒入高脚酒杯中，在室温下静置凝固。

111

### 3. 调制椰奶果冻液

**步骤**

将 30 g 椰子粉加入 150 mL 水中煮沸，然后加入 15 g 白凉粉，再煮 1 min 并不断搅拌。

### 4. 凝固定型

**步骤**

将椰奶果冻液趁热倒入已经凝固好的百香果果冻上方，封保鲜膜后放入冰箱冷藏室里冷却 40 min，形成双层果冻。

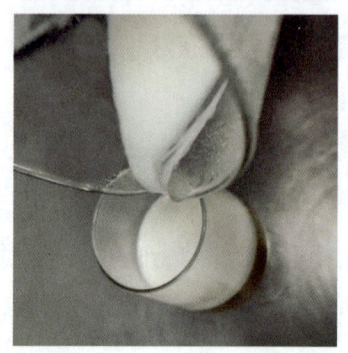

### 5. 装饰

**步骤**

在已经凝固好的百香果椰奶果冻杯的表面滴几滴含百香果籽的百香果蜜茶，做最后的装饰。

## （二）制作注意事项

1. 应提前将玻璃煮锅准备好并清洗干净，其内壁应无杂质。
2. 在倒入第二层果冻液之前，要等第一层果冻液凝固，否则成品层次不清晰，不够美观。
3. 在高脚酒杯中倒入第二层果冻液时要趁热，因为一旦其温度降低就会在玻璃煮锅中凝固，从而无法倒入高脚酒杯。
4. 可以用其他果汁替代百香果蜜茶，做成其他果味的果冻甜点杯。

## （三）保存

一般情况下，百香果椰奶果冻在常温环境下保存时最好当天食用。若冷藏保存，不要超过3天；若冷冻保存，虽然可以稍微保存久一点儿，但是口感欠佳。建议自制的百香果椰奶果冻尽早食用，以获得较好的口感。

## 六、相关知识

### （一）果冻液的调制方法

果冻液的调制方法较简单，根据所用凝固剂的不同，常用的方法有以下两种。

**1. 用白凉粉、果冻粉调制果冻液**

用此方法最简便、最省时，因为所用凝固剂白凉粉、果冻粉均已在工厂配制好，只需要按照产品包装上的使用说明及用量配比表使用即可。

**2. 用食用明胶调制果冻液**

这是较常用的果冻液调制方法。常用的食用明胶制品有吉利丁片、啫喱粉（片）、鱼胶粉等，应按照具体的使用说明来操作。若使用吉利丁片、啫喱片，需要先用凉水将其泡软，然后再调制。若使用啫喱粉，需要先用少量凉水将其浸透，然后再调制。

### （二）果冻的定型方法

果冻的定型主要是通过冷却来完成的，一般是先将调制好的果冻液倒入模具中，再放入冷藏冰箱内冷却定型。果冻定型的质量与凝固剂的用量、定型的温度和时间有关。

果冻定型时的温度一般控制在 0～4 ℃。一般来讲，温度越低，果冻定型所需要的时间越短，反之则越长。但是果冻液不宜放入 0 ℃以下的冰箱内，因为大部分原料为含水液体，若在 0 ℃以下的环境中冷却，果冻会结冰，达不到品质要求。

果冻定型所需要的时间取决于配方中凝固剂的用量，凝固剂用量越大，凝固定型的时间越短。凝固剂的用量并不是越大越好，若使用过多，成品凝固得过硬，不仅会失去果冻应有的口感，而且会失去果冻应有的品质。

### （三）百香果椰奶果冻制作设备相关知识

玻璃煮锅（见图4-1）是近几年比较流行的一种养生锅，可以用它制作各种茶饮。玻璃煮锅加热速度快，比较轻巧，且操作简便。

图 4-1 玻璃煮锅

### （四）百香果椰奶果冻制作工具相关知识

#### 1. 高脚酒杯

高脚酒杯（见图 4-2）是一种适合做分层果冻杯的容器，展示效果较好。本任务所使用的高脚酒杯容量为 195 mL。

#### 2. 玻璃杯

玻璃杯（见图 4-3）通常是透明的，是盛装果冻的适宜容器。透过玻璃杯可以清楚地观察果冻的状态，展示效果同样较好。

图 4-2　高脚酒杯　　　　图 4-3　玻璃杯

#### 3. 量杯和碗

量杯（见图 4-4）和碗（见图 4-5）用于盛装、混合果冻原料。

### （五）百香果椰奶果冻原料相关知识

#### 1. 百香果蜜茶

百香果蜜茶是一种手工冲饮水果茶，主要配料有百香果、柠檬、蜂蜜、糖等，属于纯果肉蜜茶，不加水，富含多种维生素及氨基酸。百香果蜜茶膏体黏稠、剔透，可根据果冻

# 项目四　果冻甜点杯制作

图 4-4　量杯　　　　　　　　图 4-5　碗

口感需要添加。

### 2. 白凉粉

白凉粉的主要配料有食用葡萄糖粉、魔芋粉、凉粉草粉、食品添加剂（如卡拉胶等）。白凉粉是市面上应用范围较广的食品原料，也是制作果冻效果较好的凝固剂。

### 3. 椰子粉

椰子粉多由新鲜椰肉榨取的椰子原汁制成，建议选用不添加防腐剂和色素的产品，其营养价值较高。椰子粉用水煮沸后形成椰奶，椰香浓郁。

## （六）百香果椰奶果冻成品质量标准

1. 成品晶莹剔透，甜度适中。

2. 主、辅料充分融合，成品无颗粒感，口感软滑。

3. 成品符合食品卫生要求，凝固剂用量符合食品添加剂使用标准。

## （七）百香果椰奶果冻制作的常见问题、主要原因及处理方法（见表 4-2）

表 4-2　百香果椰奶果冻制作的常见问题、主要原因及处理方法

| 常见问题 | 主要原因 | 处理方法 |
| --- | --- | --- |
| 百香果椰奶果冻不凝固 | 白凉粉的用量太少 | 可以适量增加用量，保证果冻能凝固 |
| | 煮制时间不够，或未充分搅拌 | 加入白凉粉后应至少煮 1 min，且应不断搅拌 |
| | 冷却时间不足 | 一般来说，含白凉粉的果冻需要放冰箱冷藏 40 min。如果果冻不凝固是冷却时间不足所致，只需要将果冻再次冷却即可 |
| 百香果椰奶果冻质地粗糙、有异味 | 冷却定型时未封保鲜膜 | 在将果冻放入冰箱冷却定型前，应在其表面封一层保鲜膜，以防止果冻与其他食品串味 |
| | 白凉粉未完全溶解 | 应延长加热时间并充分搅拌均匀 |

115

## 任务二 咖啡果冻制作

咖啡果冻近几年非常受欢迎。咖啡果冻通常被切成方形,可以配上装饰料,也可以作为其他甜点或饮料的一部分。

咖啡果冻的口味特点是微微的苦中带有淡淡的甜,淡淡的甜中又带有浓浓的奶香,非常独特。

### 一、学习目标

#### (一)知识目标

了解咖啡果冻原料的属性及营养特点。

了解咖啡果冻的调制方法和注意事项。

掌握咖啡果冻的成型方法和注意事项。

#### (二)技能目标

学会制作咖啡果冻的工艺流程。

能够发现和分析咖啡果冻制作的常见问题,并掌握处理方法。

### 二、设备和工具准备

设备:玻璃煮锅、冰箱。

工具:玻璃杯、擀面棍、勺子、筷子、电子秤、量杯、碗、过滤网等。

### 三、咖啡果冻配方(见表4-3)

表4-3 咖啡果冻配方

| 项目 | 原料 | 质量/g | 烘焙百分比 |
| --- | --- | --- | --- |
| 咖啡果冻液 | 速溶咖啡粉 | 12 | 3.7% |
| | 水 | 300 | 91.7% |
| | 白砂糖 | 10 | 3.1% |
| | 吉利丁片 | 5 | 1.5% |
| | 合计 | 327 | 100% |
| 装饰料 | 坚果碎 | 适量 | — |
| | 淡奶油 | 适量 | — |
| 其他 | 凉水 | 适量 | — |
| | 白兰地 | 少量 | — |

项目四　果冻甜点杯制作

规格：160 mL。

数量：2 份。

## 四、工艺流程

称取原料→调制咖啡液→软化凝固剂→调制咖啡果冻液→冷却定型→装饰。

## 五、制作

### （一）制作步骤

#### 1. 称取原料

| 步骤 |
| --- |
| 准确称量好制作咖啡果冻的原料。 |

#### 2. 调制咖啡液

| 步骤 |
| --- |
| 将 12 g 速溶咖啡粉和 10 g 白砂糖放入 300 g 烧开的热水中搅拌至溶化。 |

#### 3. 软化凝固剂

| 步骤 1 |
| --- |
| 将吉利丁片放在碗里，用少量凉水软化。 |

| 步骤 2 |
| --- |
| 再加入适量凉水，用勺子搅拌至吉利丁片溶化。 |

### 4. 调制咖啡果冻液

**步骤**

先将咖啡液和吉利丁液融合并用筷子搅拌均匀，再用过滤网过滤后装入玻璃杯中静置。

### 5. 冷却定型

**步骤**

将玻璃杯放入冰箱冷藏室冷却定型。

### 6. 装饰

**步骤**

从冰箱中取出已凝固的咖啡果冻，在上面淋少许淡奶油、撒少许坚果碎，调节口味。

## （二）制作注意事项

搅匀的吉利丁液表面会有一层泡沫，加入少量白兰地可以使泡沫很快地消失。

## （三）保存

咖啡果冻的保存时间较短。一般情况下，在常温环境下保存时最好当天食用。若冷藏保存，不要超过3天；若冷冻保存，虽然可以稍微保存久一点儿，但是口感欠佳。建议自制的咖啡果冻要尽早食用，以获得较好的口感。

## 六、相关知识

### （一）咖啡果冻制作工具相关知识

勺子（见图4-6）可用于搅拌果冻原料，本任务使用的是耐高温瓷勺。

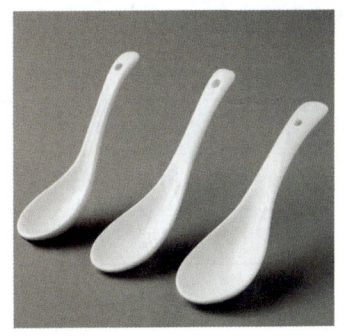

图 4-6 勺子

### (二)咖啡果冻原料相关知识

#### 1. 咖啡

制作咖啡果冻可以选择速溶咖啡粉或者黑咖啡粉,也可以根据自己的喜好选择其他咖啡粉。咖啡粉的主要成分是脂肪、蛋白质、碳水化合物、矿物质、维生素等。咖啡味苦,具有特殊香味,因含咖啡醇和咖啡因,具有提神醒脑、促进新陈代谢、利尿等功效。

#### 2. 白砂糖

糖类在咖啡果冻制作中的主要作用是提高产品品质、丰富产品口味。本任务选用白砂糖,其溶化后可增加果冻的甜味。

#### 3. 淡奶油

淡奶油在咖啡果冻制作中的主要作用是调节口味,既能降低咖啡的苦涩感,又能增加奶香味。

#### 4. 吉利丁片

制作咖啡果冻所使用的凝固剂为吉利丁片。吉利丁片凝固性强、使用方便,可在 1 min 内吸水变软,吸水后其弹性好且质软,无腥味。

#### 5. 坚果碎

本任务选用小袋的坚果产品(25 g/ 包),用擀面棍将其擀压成小颗粒后撒在果冻杯最上层进行装饰,能提高果冻的营养价值。

### (三)咖啡果冻成品质量标准

1. 成品无颗粒感,主、辅料充分融合。
2. 成品口味醇香,口感软滑。
3. 成品符合食品卫生要求,凝固剂用量符合食品添加剂使用标准。

## （四）咖啡果冻制作的常见问题、主要原因及处理方法（见表4-4）

表4-4　咖啡果冻制作的常见问题、主要原因及处理方法

| 常见问题 | 主要原因 | 处理方法 |
| --- | --- | --- |
| 咖啡果冻凝固失败、有杂质 | 果冻液装杯前未过滤 | 在将果冻液冷却定型前，应使用过滤网将其过滤两遍 |
|  | 水的用量过多 | 应根据配方来称取原料 |

# 任务三　综合鲜果果冻制作

综合鲜果果冻的做法有很多，可选用的水果范围也很广。通常选用含酸性物质较少的时令水果制作综合鲜果果冻，否则水果酸性较高会降低果冻的凝固性，导致成品弹性降低。综合鲜果果冻的特点是质地有弹性，味道酸甜，口感细腻、清爽。

## 一、学习目标

### （一）知识目标

了解综合鲜果果冻原料的属性及营养特点。

掌握综合鲜果果冻原料的选用方法。

### （二）技能目标

学会制作综合鲜果果冻的工艺流程。

能够发现和分析综合鲜果果冻制作的常见问题，并掌握处理方法。

## 二、设备和工具准备

设备：玻璃煮锅。

工具：果冻模具、电子秤、量杯、平盘、碗、勺子、筷子、水果刀等。

## 三、综合鲜果果冻配方（见表4-5）

表4-5　综合鲜果果冻配方

| 原料 | 质量/g | 烘焙百分比 |
| --- | --- | --- |
| 新鲜水果 | 300 | 44.1% |
| 白砂糖 | 30 | 4.4% |
| 果冻粉 | 50 | 7.4% |

续表

| 原料 | 质量/g | 烘焙百分比 |
|---|---|---|
| 水 | 300 | 44.1% |
| 合计 | 680 | 100% |

注：综合鲜果果冻数量可以根据模具数量来计算，未用完的果冻液可以盛装在备用容器中冷却定型。

## 四、工艺流程

原料准备→调制果冻液→装模定型→脱模、摆盘。

## 五、制作

### （一）制作步骤

#### 1. 原料准备

**步骤**

准备好所需要的原料，将新鲜水果按需洗净、去皮、去蒂、去核，切小丁备用。

#### 2. 调制果冻液

**步骤**

将果冻粉、水、白砂糖一同放入玻璃煮锅中，小火加热至沸腾，并搅拌至果冻粉完全溶解。

> **特别提示**
>
> 在制作综合鲜果果冻液时，煮制温度应控制在100 ℃，这样可以避免锅底部煮焦，保证成品符合品质要求。

**3. 装模定型**

> **步骤**
> 将果冻液趁热倒入果冻模具,再倒入鲜果粒,在室温下放凉至凝固。

**4. 脱模、摆盘**

> **步骤**
> 将凝固的果冻脱模,摆盘。

### (二)制作注意事项

1. 应提前将玻璃煮锅准备好并清洗干净,其内壁应无杂质。

2. 鲜果粒要等果冻液降温但还能流动时倒入,这样能保持水果的新鲜口感。

3. 盛放果冻的模具材质没有特殊要求,塑料、陶瓷、玻璃、金属、硅胶等都可以。相对来说,硅胶模具尤其容易脱模,但建议不要采用内壁花纹太多的那种硅胶模具,因为那种硅胶模具不便于脱模。

4. 在将果冻液倒入果冻模具之前,可先用纯净水冲洗果冻模具,带有水珠的果冻模具比干燥的果冻模具更容易脱模。

### (三)保存

综合鲜果果冻的保存时间较短。一般情况下,在常温环境下保存时最好当天食用。若冷藏保存,不要超过3天;若冷冻保存,虽然可以稍微保存久一点儿,但是口感欠佳。建议自制的综合鲜果果冻要尽早食用,以获得较好的口感。

## 六、相关知识

### (一)综合鲜果果冻制作工具相关知识

**1. 平盘**

平盘(见图4-7)主要用于盛装水果和果冻成品,可以根据需要选择合适的尺寸。

**2. 果冻模具**

塑料、陶瓷、玻璃、金属、硅胶等材质的果冻模具都可以使用，本任务使用的是硅胶材质果冻模具（见图4-8），这种模具更容易脱模，展示效果也好。

图4-7 平盘

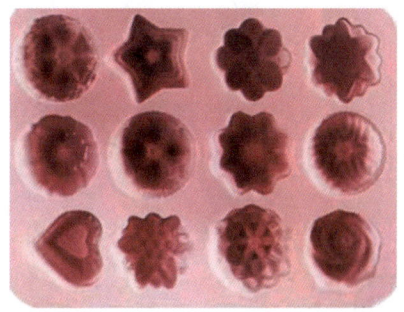

图4-8 硅胶材质果冻模具

### （二）综合鲜果果冻原料相关知识

选用新鲜水果时，应尽量少用或不用含酸性物质较多的水果，如柠檬、菠萝等，因为酸性物质会降低果冻的凝固性，使成品弹性降低。若必须使用此类水果，可将其蒸煮几分钟后再使用。

### （三）综合鲜果果冻成品质量标准

1. 成品果味丰富，酸甜可口。

2. 成品符合食品卫生要求，凝固剂用量符合食品添加剂使用标准。

### （四）综合鲜果果冻制作的常见问题、主要原因及处理方法（见表4-6）

表4-6 综合鲜果果冻制作的常见问题、主要原因及处理方法

| 常见问题 | 主要原因 | 处理方法 |
| --- | --- | --- |
| 综合鲜果果冻不光亮、不透明 | 果冻粉的用量过多，加热后过于浓稠 | 可以适量减少果冻粉的用量，将果冻液稀释至透亮 |
|  | 果冻液中的泡沫没有及时撇除 | 可以加入少许白兰地消除果冻液的泡沫 |
|  | 白砂糖没有完全溶解 | 如果果冻液混浊，可以用过滤网过滤 |

# 附录 中英文术语对照表

## 一、原料类

| 中文 | 英文 |
| --- | --- |
| 面粉 | flour |
| 低筋面粉 | low gluten flour |
| 中筋面粉 | middle gluten flour |
| 高筋面粉 | high gluten flour |
| 通用面粉 | universal flour |
| 全麦面粉 | whole wheat flour |
| 自发面粉 | self-raising flour |
| 面包粉 | bread flour |
| 蛋糕粉 | cake flour |
| 预拌粉 | pre-mix flour |
| 面筋 | gluten |
| 吉士粉 | custard powder |
| 淀粉 | starch |
| 玉米淀粉 | corn starch |

续表

| 中文 | 英文 |
| --- | --- |
| 玉米粉 | corn flour |
| 白砂糖 | white granulated sugar |
| 绵白糖 | fine white sugar |
| 冰糖 | crystal sugar |
| 糖粉 | icing sugar |
| 防潮糖粉 | moistureproof icing sugar |
| 红糖 | brown sugar |
| 糖浆 | syrup |
| 葡萄糖浆 | glucose syrup |
| 饴糖 | maltose |
| 焦糖 | caramel |
| 乳糖 | lactose |
| 脂 | fat |
| 油 | oil |
| 油脂 | oil and fat |
| 植物油 | vegetable oil |
| 花生油 | peanut oil |
| 色拉油 | salad oil |
| 大豆油 | soybean oil |
| 橄榄油 | olive oil |
| 精制油 | refined oil |
| 动物油脂 | animal oil |
| 猪油 | lard |
| 黄油 | butter |
| 人造黄油 | margarine |
| 坚果 | nut |
| 核桃仁 | walnut kernel |

附录　中英文术语对照表

续表

| 中文 | 英文 |
| --- | --- |
| 葵花籽仁 | sunflower kernel |
| 芝麻仁 | sesame kernel |
| 花生仁 | peanut kernel |
| 开心果 | pistachio |
| 杏仁片 | almond slice |
| 杏仁粉 | almond powder |
| 可可豆 | cocoa beans |
| 可可粉 | cocoa powder |
| 咖啡粉 | coffee powder |
| 可可脂 | cocoa butter |
| 巧克力 | chocolate |
| 白巧克力 | white chocolate |
| 牛奶巧克力 | milk chocolate |
| 黑巧克力 | dark chocolate |
| 罐头水果 | canned fruit |
| 鲜果 | fresh fruit |
| 苹果 | apple |
| 草莓 | strawberry |
| 桂圆 | longan |
| 小葡萄干（尤用于烘制糕点） | currant |
| 蔓越莓干 | dried cranberry |
| 椰蓉 | desiccated coconut |
| 椰子粉 | coconut powder |
| 抹茶粉 | matcha powder |
| 红枣 | jujube |
| 杏干 | dried apricot |
| 蛋 | egg |

续表

| 中文 | 英文 |
| --- | --- |
| 蛋壳 | egg shell |
| 蛋清 | egg white |
| 蛋黄 | egg yolk |
| 干燥蛋白粉 | dried protein powder |
| 牛奶 | milk |
| 乳粉 | milk powder |
| 炼乳 | condensed milk |
| 乳酪 | cheese |
| 稀奶油干酪（俗称奶油乳酪） | cream cheese |
| 淡奶油 | light cream |
| 发泡鲜奶油 | whipping cream |
| 水 | water |
| 盐 | salt |
| 食品添加剂 | food additive |
| 食品干燥剂 | food desiccant |
| 食品乳化剂 | food emulsifier |
| 面团改良剂 | dough improver |
| 增稠剂 | thickening agent |
| 膨松剂 | leavening agent |
| 小苏打 | baking soda |
| 塔塔粉 | cream of tartar |
| 泡打粉 | baking powder |
| 快速发酵粉 | fast acting baking powder |
| 慢速发酵粉 | slow acting baking powder |
| 双效发酵粉 | double acting baking powder |
| 酵母 | yeast |

续表

| 中文 | 英文 |
| --- | --- |
| 鲜酵母 | fresh yeast |
| 干酵母 | dry yeast |
| 天然色素 | natural colorant |
| 食用色素 | edible colorant |
| 橙皮 | orange peel |
| 柠檬皮 | lemon peel |
| 柠檬汁 | lemon juice |
| 胡椒 | pepper |
| 醋 | vinegar |
| 蜂蜜 | honey |
| 番茄酱 | tomato paste |
| 白兰地 | brandy |
| 朗姆酒 | rum |
| 葡萄酒 | wine |
| 鲜肉 | fresh meat |
| 火腿 | ham |
| 培根 | bacon |
| 肉松 | dried meat floss |
| 明胶 | gelatin |
| 果胶 | pectin |
| 白凉粉 | white bean jelly |
| 果冻粉 | jelly powder |

## 二、设备工具类

| 中文 | 英文 |
| --- | --- |
| 工作台 | worktable |

续表

| 中文 | 英文 |
| --- | --- |
| 洗涤槽 | washing tank |
| 冰箱 | refrigeratory |
| 展示柜 | display case |
| 厨师机 | stand mixer |
| 绞肉机 | mincer |
| 破壁机 | high speed blender |
| 和面机 | dough mixer |
| 面团分切机 | dough dividing machine |
| 开酥机 | dough sheeter |
| 面包整形机 | bread shaping machine |
| 醒发箱 | fermenting box |
| 面包切片机 | bread slicing machine |
| 烤炉 | oven |
| 层炉 | deck oven |
| 电磁炉 | induction cooker |
| 油炸锅 | fryer |
| 复底汤锅 | double bottom soup pot |
| 玻璃煮锅 | glass boiler |
| 奶锅 | milk pan |
| 天平 | balance |
| 电子秤 | electronic scale |
| 量杯 | measuring cup |
| 量匙 | measuring spoon |
| 食品温度计 | food thermometer |
| 糖量计 | saccharometer |
| 量尺 | measuring scale |
| 电动打蛋器 | electric egg beater |

续表

| 中文 | 英文 |
| --- | --- |
| 手动打蛋器 | manual egg beater/whisk |
| 不锈钢盆 | stainless steel basin |
| 网筛 | sieve |
| 擀面棍 | rolling pin |
| 蛋糕刀 | cake knife |
| 锯齿刀 | serrated bread knife |
| 抹刀 | spatula |
| 刮板、切面刀 | dough scraper |
| 软质刮刀 | silicone spatula |
| 多轮切饼刀 | multi-wheel dough cutter |
| 面包割刀 | bread scoring tool |
| 滚针 | spiked rolling pin |
| 刷子 | brush |
| 筷子 | chopsticks |
| 叉子 | fork |
| 勺子 | spoon |
| 不锈钢漏勺 | stainless steel spider strainer |
| 裱花袋 | piping bag |
| 裱花嘴 | piping nozzle |
| 烤盘 | baking pan |
| 烤盘车 | rack for baking pan |
| 长条饼干模具 | strip biscuit mould |
| 塔模 | tart mould |
| 派盘 | pie plate |
| 吐司盒 | toast box |
| 蛋糕架 | cake rack |
| 多层蛋糕架 | multi-layer cake rack |

续表

| 中文 | 英文 |
| --- | --- |
| 蛋糕模 | cake mould |
| 巧克力模 | chocolate mould |
| 慕斯圈 | mousse ring |
| 陶瓷容器 | ceramic container |
| 玻璃杯 | glass |
| 高脚酒杯 | goblet |
| 碗 | bowl |
| 平盘 | platter |
| 耐热手套 | oven glove |
| 不粘高温布 | non-stick high temperature cloth |
| 油纸 | baking paper |
| 保鲜膜 | fresh keeping film |
| 棉线 | cotton thread |
| 刀片 | blade |

## 三、工艺类

| 中文 | 英文 |
| --- | --- |
| 烘焙百分比 | baker's percentage |
| 烘焙损耗 | baking loss |
| 工艺流程 | technological process |
| 原料混合阶段 | pick up stage |
| 面筋形成阶段 | clean up stage |
| 面筋扩展阶段 | development stage |
| 面筋完全扩展阶段 | final stage |
| 搅拌过度阶段 | let down stage |
| 破坏阶段 | break down stage |

附录 中英文术语对照表

续表

| 中文 | 英文 |
| --- | --- |
| 搅拌不足 | undermixing |
| 搅拌过度 | overmixing |
| 面团温度 | dough temperature |
| 面团发酵 | dough fermentation |
| 一次发酵法 | straight dough method |
| 二次发酵法 | sponge and dough method/ sponge dough fermentation |
| 中种面团 | sponge dough |
| 主面团 | main dough |
| 基础发酵 | basic fermentation |
| 快速发酵法 | emergency dough method |
| 最后醒发 | final fermentation |
| 调粉、和面 | knead |
| 搅打 | beat |
| 翻面 | punch |
| 整形 | shape |
| 分割 | divide |
| 揉圆 | round |
| 按压 | press |
| 包裹 | pack |
| 拌和 | mix |
| 搅拌 | stir |
| 捏 | pinch |
| 拍 | pat |
| 挤压 | squeez |
| 拉 | pull |
| 搓 | rub |

续表

| 中文 | 英文 |
|---|---|
| 扭 | twist |
| 擀薄 | roll |
| 卷 | roll up |
| 折叠 | fold |
| 切 | slice |
| 摇 | shake |
| 刷 | brush |
| 用面粉等撒 | dredge |
| 筛 | sieve |
| 烘焙、烘烤 | bake |
| 冷却 | cool down |
| 装饰 | decorate |
| 把……包装好 | package |
| 溶化、融化 | melt |
| 软化 | soften |
| 调温 | temper |
| 回温 | rewarm |

## 四、性状类

| 中文 | 英文 |
|---|---|
| 体积 | volume |
| 组织结构 | tissue and structure |
| 表皮颜色 | surface color |
| 内部颜色 | inside color |
| 风味 | flavour |
| 滋味 | taste |
| 甜度 | sugariness |

续表

| 中文 | 英文 |
| --- | --- |
| 黏度 | viscosity |
| 稠度 | consistency |
| 水质 | water quality |
| 面粉质量 | flour quality |
| 面包老化 | bread staling |
| 多孔性 | porosity |
| 吸湿性 | hygroscopicity |
| 溶解性 | solvability |
| 结晶性 | crystallinity |
| 渗透性 | permeability |
| 可塑性 | plasticity |
| 起泡性 | frothability |
| 乳化性 | emulsibility |
| 凝固性 | coagulability |
| 延伸性 | ductility |
| 弹性 | elasticity |
| 韧性 | tenacity |

## 五、馅料、装饰料类

| 中文 | 英文 |
| --- | --- |
| 面包馅料 | bread filling |
| 面包表面装饰料 | toppings of bread |
| 卡仕达酱 | custard cream |
| 奶酥馅 | butter biscuit filling |
| 椰蓉馅 | coconut filling |
| 果仁馅 | nutlet filling |
| 核桃馅 | walnut filling |

续表

| 中文 | 英文 |
|---|---|
| 什锦水果粒馅 | mixed fruit grain filling |
| 苹果馅 | apple stuffing |
| 栗子泥 | chestnut puree |
| 南瓜泥 | pumpkin puree |
| 枣泥馅 | jujube paste filling |
| 红豆馅 | red bean filling |
| 抹茶杏仁酱 | matcha almond paste |
| 百香果蜜茶 | passion fruit honey tea |